Tucholsky Wagner Zola Scott Sydow Freud Schlegel
Turgenev Wallace Fonatne
Twain Walther von der Vogelweide Fouqué Friedrich II. von Preußen
Weber Freiligrath
Kant Ernst Frey
Fechner Fichte Weiße Rose von Fallersleben Richthofen Frommel
Engels Fielding Hölderlin
Fehrs Faber Flaubert Eichendorff Tacitus Dumas
Maximilian I. von Habsburg Fock Eliasberg Zweig Ebner Eschenbach
Feuerbach Ewald Eliot Vergil
Goethe Elisabeth von Österreich London
Mendelssohn Balzac Shakespeare Dostojewski Ganghofer
Trackl Lichtenberg Rathenau Doyle Gjellerup
Stevenson Hambruch
Mommsen Tolstoi Lenz Droste-Hülshoff
Thoma Hanrieder
von Arnim Hauff Humboldt
Dach Verne Hägele
Reuter Hagen Hauptmann Gautier
Karrillon Rousseau
Defoe Hebbel Baudelaire
Damaschke Descartes
Hegel Kussmaul Herder
Wolfram von Eschenbach Dickens Schopenhauer Rilke George
Darwin Melville Grimm Jerome Bebel Proust
Bronner Horváth Aristoteles Federer
Campe Barlach Voltaire Herodot
Bismarck Vigny Gengenbach Heine
Storm Casanova Tersteegen Gilm Grillparzer Georgy
Chamberlain Lessing Langbein Gryphius
Brentano Claudius Schiller Lafontaine
Strachwitz Bellamy Kralik Iffland Sokrates
Katharina II. von Rußland Schilling
Gerstäcker Raabe Gibbon Tschechow
Löns Hesse Hoffmann Gogol Wilde Gleim Vulpius
Luther Heym Hofmannsthal Klee Hölty Morgenstern Goedicke
Roth Heyse Klopstock Puschkin Homer Kleist
Luxemburg La Roche Horaz Mörike Musil
Machiavelli Musset Kierkegaard Kraft Kraus
Navarra Aurel Lamprecht Kind Kirchhoff Hugo Moltke
Nestroy Marie de France Laotse Ipsen
Nietzsche Nansen Marx Lassalle Gorki Klett Leibniz Liebknecht Ringelnatz
von Ossietzky May vom Stein Lawrence Knigge Irving
Petalozzi Platon Pückler Michelangelo Kock Kafka
Sachs Poe Liebermann
de Sade Praetorius Mistral Zetkin Korolenko

Dit boek is onderdeel van de **TREDITION CLASSICS** serie. De makers van deze serie zijn verbonden door hun passie voor literatuur en gedreven met de bedoeling om alle publieke domein boeken weer gedrukte vorm beschikbaar te maken - wereldwijd.

De meeste geprinte **TREDITION CLASSICS** titels zijn al decennia verdwenen uit de boekenkasten. Bij tredition geloven wij dat een goed boek nooit uit de mode is en dat zijn waarde voor eeuwig is. Deze boeken serie helpt bij het behouden van de literatuur schatten. Het draagt bij in het behouden van prachtige wereldliteratuur werken.

Johannes Gutenberg, de uitvinder van Movable Type afdrukken (1400 – 1468) is het symbolische figuur van deze serie die enkele tienduizenden titels bevat.

Alle titels van deze serie **TREDITION CLASSICS** zijn beschikbaar als paperback en hardcover. Voor meer informatie over deze unieke serie en over tredition willen we u verwijzen naar: www.tredition.com

tredition is opgericht in 2006 door Sandra Latusseck & Soenke Schulz. Met kantoor in Hamburg Duitsland, tredition bied auteurs, uitgeverijen oplossing voor publiceren gecombineerd met een wereld wijde distributie voor zowel het gedrukte boek als het digitale boek. tredition heeft de unieke positie om auteurs en uitgeverijen boeken te laten creëren op hun eigen voorwaarden en zonder de conventionele productie risico's.

Het Leven der Dieren Deel 1, Hoofdstuk 08: De Tandeloozen; Hoofdstuk 09: De Slurfdieren; Hoofdstuk 10: De Onevenvingerigen

Alfred Edmund Brehm

Impressum

Dit boek maakt deel uit van TREDITION CLASSICS.

Auteur: Alfred Edmund Brehm
Cover design: toepferschumann, Berlijn (Duitsland)

Uitgever: tredition GmbH, Hamburg (Duitsland)
ISBN: 978-3-8495-3898-9

www.tredition.com
www.tredition.de

Copyright:
De inhoud van dit boek is afkomstig van het publieke domein.

De bedoeling van de TREDITION CLASSICS serie is om de wereldliteratuur beschikbaar te maken in gedrukte vorm via het publieke domein. Lieteraire liefhebbers en organisaties hebbe wereldwijd gescanned en digitaal de oorspronkelijke teksten bewerkt. tredition heeft vervolgens de inhoud geformatteerd en de inhoud opnieuw ontworpen in een moderne te lezen layout. Daarom kunnen wij niet garanderen dat de exacte reproductie van het originele formaat van een bepaalde historisch editie. Houd er dan ook rekening meet dat er geen wijzingen zijn aangebracht in de spelling, dus deze kan afwijken van de huidige spelling die vandaag te dag word gebruikt.

Achtste Orde.

De Tandeloozen (Edentata).

De bloeiperiode van deze Zoogdieren-orde is voorbij. In den voortijd leefden in Brazilië Tandeloozen, zoo groot als een Neushoorndier en nog grootere; de kolossaalste, thans nog levende leden der orde hebben hoogstens de afmetingen van een flinken Wolf. Onder de uitgestorven soorten waren er, die een overgang vormden tusschen familiën van hedendaagsche Edentaten, die nu door diepe kloven van elkander gescheiden schijnen. Maar ook aan enkele van de thans nog bestaande soorten zal misschien weldra het lot beschoren zijn om, evenals de vormen der voorwereld, vernietigd te worden: hunne dagen zijn geteld.

Bij de leden dezer diergroep is weinig te bespeuren van overeenstemming, die men bij de vertegenwoordigers van elk der andere Zoogdieren-orden opmerkt. Het belangrijkste kenmerk, dat zij gemeen hebben, en dat hen van de overige Zoogdieren onderscheidt, is de eigenaardige samenstelling van het gebit. Er zijn onder de Tandeloozen wezens, waarop de naam der orde in haar zuiverste beteekenis toepasselijk is, daar bij hen geen spoor van tanden voorkomt; bij de overige, die wel degelijk (en soms zelfs zeer vele) tanden hebben, ontbreken nagenoeg altijd de snijtanden; de tusschenkaaksbeenderen zijn nl. bij alle Edentaten weinig ontwikkeld, en alleen de in deze beenderen voorkomende tanden met die, welke er in de onderkaak aan tegenovergesteld zijn, heeten snijtanden. (Alleen bij de Gordeldieren treft men een paar onbeduidende tandjes in het tusschenkaaksbeen aan.) Echte hoektanden zijn er evenmin; deze naam komt nl. toe aan de tanden, die op den grens van het tusschenkaaksbeen en van het eigenlijke bovenkaaksbeen geplaatst zijn. Nu is wel bij eenige Luiaards de voorste kies zeer dicht bij den voorrand van het bovenkaaksbeen gelegen en door een tusschenruimte van de overige kiezen gescheiden; hij onderscheidt zich echter in geen enkel opzicht van de maaltanden behalve door zijn grootere lengte. De maaltanden of kiezen hebben steeds een eenvoudigen, cilindrischen of prismatischen vorm en zijn door tusschenruimten van elkander gescheiden. Zij zijn wortelloos en bestaan uitsluitend uit tandbeen en cement, zonder eenig email. Slecht bij weinige soorten (Aardvarkens en sommige Gordeldieren) worden zij gewisseld,—gewoonlijk dus maar éénmaal gevormd. Het aantal van deze tanden varieert van de eene familie tot de andere, en verschilt soms zelfs aanmerkelijk bij soorten, die tot eenzelfde groep behooren: eenige hebben slechts 20, andere wel 100 tanden.

De nagels zijn bij deze dieren zeer krachtig, maar eveneens vreemdsoortig ontwikkeld. Zelden zijn de teenen volkomen beweeglijk, altijd echter dragen zij nagels, die het uiteinde van het nagellid geheel omgeven, en zich hierdoor reeds duidelijk onderscheiden van de eigenlijke klauwen, die altijd aan het onderste gedeelte van de holle zijde een spleet vertoonen. Bij sommige zijn zij zeer lang, sterk gekromd en zijdelings samengedrukt, en bewijzen bij 't klimmen belangrijke diensten, bij andere zijn zij korter, breed, bijna schopvormig en uitmuntend geschikt voor 't graven en wroeten in den grond.

Door het bespreken van het gebit en van de nagels hebben wij de algemeene kenteekenen van de Edentata uitgeput; want in alle andere opzichten vertoont hun lichaamsbouw een zeer groote menigvuldigheid van verschijnselen. Hun lichaamsbekleeding vooral wisselt af binnen zeer wijde grenzen; deze afwijkingen zijn nagenoeg even groot als bij alle overige Zoogdieren tezamen genomen. Sommige dragen een dichte, zachte vacht, andere een ruig, dor haarkleed; deze zijn met borstels, gene met schubben bedekt; bij eenige is het lichaam gehuld in een uit schilden (door een hoornlaag bedekte beenplaten) samengesteld pantser, zooals bij geen der andere Zoogdieren gevonden wordt.

De Edentaten zijn thans tot drie faunistische rijken beperkt, n.l. tot het Oostersche, het Ethiopische en het Zuid-Amerikaansche. Azië bevat slechts Schubdieren, Afrika bovendien nog Aardvarkens. De Edentaten-fauna van Zuid-Amerika biedt een grootere verscheidenheid van vormen aan; hier vindt men de Luiaards, de Mierenleeuwen en de Gordeldieren. Van de thans levende zoowel als van de uitgestorvene Tandeloozen, valt in overeenstemming met de ongelijkheid van hun lichaamsbouw, ook een zeer belangrijk verschil in levenswijze te vermelden.

In de eerste plaats moet de familie van de Luiaards (*Bradypodidae*) genoemd worden omdat de weinige, hiertoe behoorende soorten nog het meest van alle Edentaten door hun uiterlijk op de overige Zoogdieren met klauwen gelijken. Naast deze maken zij echter door hun onbehaaglijken lichaamsbouw, hunne stompzinnigheid en traagheid een zeer treurige figuur. BUFFON beschouwde ze als "door de natuur stiefmoederlijk bedeelde diervormen, de eenige, die reeds bij de geboorte ware toonbeelden van ellende zijn." — De voorste ledematen zijn bij hen aanmerkelijk langer [359]dan de achterste, de voeten met kolossale, sikkelvormige klauwen gewapend. De hals is betrekkelijk lang en draagt een ronden, korten kop. Wegens de geringe ontwikkeling der tusschenkaaksbeenderen, de kortheid en breedte der neusbeenderen verkrijgt het aangezicht een zonderling stomp aanzien, waardoor het op dat van een Aap gelijkt; de kleine mondopening wordt door meer of minder harde, weinig beweeglijke lippen begrensd; de oogen zijn klein, de oorschelpen geheel in de vacht verborgen. De staart is een niet of nauwelijks zichtbaar stompje. De haren van het volwassen dier zijn lang en grof als hooi, en hebben een geheel anderen val dan bij de overige dieren; zij zijn n.l. van den buik naar den rug gericht. Bij de in vrijheid levende dieren hebben zij een groenen tint door een Alge (*Chroolepus*), die er op leeft. Zeer opmerkelijk en geheel afwijkend van 't geen bij de overige Zoogdieren voorkomt, is de bouw van de wervelkolom. In plaats van 7 halswervels, zooals bij alle andere leden der klasse, vindt men er bij enkele Luiaards 6, bij andere 9, bij uitzondering zelfs 10; het aantal ribbendragende wervels (rugwervels) bedraagt bij den Aï 14, bij den Unau 24. Het gebit bestaat uit 5 cilindervormige maaltanden in elke helft van de bovenkaak; in de onderkaak zijn er bij *Choloepus* vier, bij *Bradypus* vijf; de voorste van elke reeks is bij *Choloepus* grooter dan de volgende en hoektandvormig; bij *Bradypus* is hij daarentegen kleiner dan de overige.

Het verbreidingsgebied van de Luiaard is tot Zuid-Amerika beperkt. De groote wouden in de vochtige vlakten van dit vasteland, waar de plantenwereld het toppunt van ontwikkeling bereikt, verschaffen woonplaatsen aan deze merkwaardige wezens. Hoe wilder, donkerder en schaduwrijker het woud is, hoe ondoordringbaarder de wildernis, des te geschikter schijnen deze plaatsen voor het leven van de genoemde dieren, die, daar zij tegen andere dieren niet opgewassen zijn, op een minder goed beschutte woonplaats reeds voor lang het onderspit gedolven zouden hebben.

*

De tweeteenige Luiaards (*Choloepus*) houd ik voor de hoogst ontwikkelde. Zij zijn te herkennen aan den tamelijk grooten kop met vlak voorhoofd en stompen snuit, den betrekkelijk korten hals, den slanken romp (die geen uitwendig waarneembaren staart draagt), de lange, schrale ledematen (de voorste zijn met 2, de achterste met 3 zijdelings samengedrukte, sikkelvormige klauwen gewapend), het sluike, zachte haar zonder wolhaar, het gebit en het gering aantal halswervels.

De Unau (*Choloepus didactylus*) bewoont Suriname en andere deelen van Guyana; hij kan ongeveer 70 cM. lang worden. Het lange haar, dat aan den kop naar achteren, aan den borst en den buik echter naar den rug gestreken is en hier een kruin vormt, is in het aangezicht, aan den schedel en in den nek witachtig olijfgroen-grijs, aan den romp olijfgrijs, op den rug donkerder dan aan de onderzijde, aan de borst op de voorpooten en schouders en op de onderbeenen olijfbruin; de onbehaarde lichaamsdeelen (de snuit en de zolen van voor- en achtervoeten) zijn vleeskleurig (de snuit met bruinachtigen tint); de klauwen zijn blauwachtig grijs.

*

In het tweede geslacht vereenigt men de Drieteenige Luiaards (*Bradypus*). Zij zijn gedrongen gebouwd, hebben een kleinen kop met scheef afgeknotten snuit en kleine, door harde lippen begrensde mondopening, een zeer langen hals, een duidelijk waarneembaren, zijdelings afgeplatten staart en tamelijk korte, krachtige ledematen; zoowel de voorvoeten als de achtervoeten zijn met drie zeer sterk zijdelings samengedrukte, sikkelvormige klauwen voorzien. Het haar vertoont op den kop een scheiding, van waar het naar onderen afhangt, overigens is het echter, evenals bij de dieren van het vorige geslacht, van de buikzijde naar de rugzijde gericht; de zolen zijn bijna geheel behaard.

De Aï (*Bradypus tridactylus*, *B. pallidus*) is een bewoner van Brazilië; hij bereikt een lengte van 52 cM., met inbegrip van den 4 cM. langen staart. De vacht bestaat uit fijne, korte, dicht bijeengeplaatste wolharen, waaraan men de drie overlangsche strepen van de rugzijde van den romp het best kan waarnemen, en uit lange, droge, harde, eenigszins gladde, op hooi gelijkende bovenharen. De vacht is bleek roodachtig aschgrauw op de bovendeelen, zilvergrijs op den buik; de klauwen zijn geelachtig of bruinachtig geel.

De Luiaards zijn echte boomdieren, evenals de Apen en de Eekhoorntjes. Deze gelukkige wezens bewegen zich echter naar welgevallen in de kronen der boomen, terwijl gene met moeite, als 't ware kruipend, van den eenen tak op den anderen overgaan. Wat door de vlugge en overmoedige beheerschers der wouden een pleizierwandeling wordt geacht, is in de oogen van den Luiaard een lange, bezwaarlijke reis. Hoogstens tot een uit weinige leden bestaand gezelschap vereenigd, leiden deze trage dieren een eentonig leven, waarin zij langzaam van den eenen boom naar den anderen trekken. Vergeleken met hunne bewegingen op den grond, is hun behendigheid in 't klimmen zeer opmerkelijk. Hunne lange armen veroorloven hen ver afgelegen takken te grijpen, terwijl hunne kolossale klauwen hen in staat stellen zich zonder moeite vast te houden. Hun wijze van klimmen is geheel anders dan die van alle overige boombewoners, want bij hen is het regel, wat bij deze als uitzondering voorkomt. Terwijl zij den romp naar onderen laten afhangen, reiken zij met hunne lange armen opwaarts naar de takken, haken zich hieraan vast met hunne klauwen en schuiven zich op hun gemak voort van twijg tot twijg, van tak tot tak. Zij schijnen echter trager, dan zij werkelijk zijn. Als nachtdieren brengen zij wel is waar den geheelen dag door zonder zich te bewegen; reeds in de schemering echter worden zij wakker en 's nachts zwerven zij rond, wel is waar langzaam, maar toch niet lui, door een grooter of kleiner gebied al naar dit tot bevrediging van hunne behoeften noodig is. Zij voeden zich uitsluitend met knoppen, jonge loten en vruchten en vinden in den overvloedigen dauw, dien zij van de bladen aflekken, een voldoende vergoeding voor het hun ontbrekende water. Ook bij het zoeken en opnemen van het voedsel toonen zij een onmiskenbare traagheid: zij zijn sober, niet veeleischend en geschikt om dagen achtereen, volgens sommigen zelfs weken lang, honger en dorst te lijden, zonder er eenig nadeel van te ondervinden. Zij verlaten een boom niet, zoolang deze hun nog voedsel kan verschaffen; eerst wanneer de voorraad eetbare bestanddeelen schaarsch wordt, denken zij er aan een anderen boom op te zoeken; met dit doel gaan zij langzaam tusschen de takken naar beneden, zoeken een plaats uit, waar de takken van de naburige boomen tusschen die van den door hen bewoonden boom doordringen en bereiken [360]langs dezen hoog boven den grond gelegen brug het einddoel van den tocht.

Aï (*Bradypus tridactylus*). ¼ v.d. ware grootte.

Op den bodem zijn deze tot levenslange gevangenschap op de boomen gedoemde wezens niet thuis. Hun gang, of liever het hiervoor in de plaats tredende, gebrekkig voortzeulen van het lichaam over den grond, is van dien aard, dat het medelijden van den toeschouwer er door gewekt wordt. Evenals de langzame Landschildpad tracht de plompe Luiaard zijn lichaam te verplaatsen. Met ver zijwaarts gestrekte ledematen, op de ellebogen steunend, met de pooten één voor één behoedzaam een cirkelboog beschrijvend, schuift hij telkens een klein stukje verder; de buik sleept intusschen bijna over den grond; kop en hals worden voortdurend op loome wijze naar links en rechts bewogen, alsof zij het zoo buitengewoon onbeholpen dier in evenwicht moeten houden. Men zou na zulk een schouwspel niet kunnen gelooven, dat dit zoo ellendig voorthompelend wezen in staat zal zijn om zich uit het water te redden, wanneer het er bij ongeluk in valt. Toch zwemt de Luiaard tamelijk goed; hij beweegt zich in 't water vlugger zelfs dan in de boomen, houdt den kop hoog boven den waterspiegel, doorklieft de golven met vrij groot gemak en komt werkelijk weer op den vasten wal terug. BATES en WALLACE zagen een Luiaard een rivier overzwemmen op een plaats waar deze 300 M. breed was. Hieruit blijkt, dat de naam Luiaard, hoe goed hij overigens ook gekozen moge zijn, eigenlijk alleen in den gang van dit dier zijn volkomen rechtvaardiging vindt; want op de boomen maakt hij niet den indruk van zóó traag te zijn, als men vroeger, verleid door de overdreven voorstellingen van de eerste beschrijvers van dit dier, meende te moeten aannemen. Opmerkelijk is de verbazingwekkende zekerheid, waarmede alle klimbewegingen plaats hebben. De Luiaard is in staat om zich met den eenen voet vast te haken aan een hooger gelegen tak en zich dan onbezorgd er aan te laten hangen; niet slechts wordt dan het volle gewicht van het lichaam door één poot gedragen, maar ook wordt dit door dezen poot opgetrokken tot aan den tot steun dienenden tak.

Het kost zeer veel moeite een Luiaard, die zich aan een tak heeft vastgeklemd, er van los te maken. De Luiaard slaapt en rust ongeveer in dezelfde houding als die, welke hij gedurende zijne werkzaamheden aanneemt. De vier pooten worden dicht bij elkander geplaatst; de romp wordt bijna tot een bol ineengekromd; de naar de borst gebogen kop rust of steunt niet op dit lichaamsdeel. In deze houding hangt het dier den geheelen, langen dag, steeds op dezelfde plaats, zonder moede te worden. Even ongevoelig als het voor honger en dorst schijnt te zijn, even gevoelig toont het zich voor vocht en hierdoor veroorzaakte afkoeling. In het regenseizoen hangt het dikwijls dagen achtereen treurig en ellendig op een en dezelfde plaats; stellig in de hoogste mate ontstemd over het naar beneden stroomende water.

Niet dan hoogst zelden, gewoonlijk alleen des avonds, of als de morgen aanbreekt, of ook, wanneer het zich niet veilig acht, verneemt men de stem van den Luiaard. Zij is niet luid, en bestaat uit een klagende, lang voortgezetten, fijnen, korten en snijdenden toon, die door sommigen nagebootst wordt, door een veelvuldige herhaling van den klank "i". Een van de onderzoekers uit lateren tijd maakt melding van een geschreeuw, dat uit twee opeenvolgende klanken, of zelfs uit een klimmend en dalend accoord zou bestaan. [361]Over dag hoort men van den Luiaard hoogstens diepe zuchten; op den grond schreeuwt hij niet, zelfs niet, wanneer hij geplaagd wordt.

Uit het bovenstaande valt af te leiden, dat de zinnen van de Luiaards geen hoogen graad van volkomenheid zullen bezitten. Zelfs schijnt het, dat zij alle even stomp zijn. Zeer weinig ontwikkeld zijn ook de geestvermogens. Deze dieren geven weinig blijken van verstand, maar toonen veeleer stompzinnigheid, domheid en onverschilligheid. Men noemt ze goedaardig en wil hiermede aanduiden, dat zij over 't algemeen voor geen aandoeningen van den geest geschikt zijn. Volgens de berichten van de reizigers, komen bij hen geen ware hartstochten voor; zij gevoelen geen vrees, maar hebben ook geen moed, schijnen geen vreugde te kennen, maar ook niet voor treurigheid vatbaar te zijn. Deze berichten berusten volgens mijne ervaringen op geen goede gronden. Zoo laag als de meeste natuuronderzoekers ons deze dieren voorstellen, staan zij niet. Gewoonlijk wordt bij hun beoordeeling uit het oog verloren, dat zij nachtdieren zijn, welker geestvermogens men niet naar behooren kan leeren kennen, door ze alleen over dag na te gaan. De naam Luiaard is in zijn letterlijke beteekenis alleen geldig voor het slapende dier; wanneer het wakker geworden is en zijne bezigheden verricht, beweegt het zich in een engen kring, maar beheerscht dezen op voldoende wijze.

De Luiaard brengt slechts één jong ter wereld, dat bij de geboorte een volledig haarkleed, en zelfs tamelijk goed ontwikkelde teenen en klauwen bezit; het klemt zich dadelijk met de klauwen aan de lange haren van de moeder vast, en omstrengelt met de armen haren hals. Het wijfje voert haar jong altijd op deze wijze met zich mede. In den beginne schijnt zij er veel genegenheid voor te gevoelen; haar moederliefde bekoelt echter spoedig; ternauwernood getroost zij zich de moeite haar kind te zoogen en te reinigen, of andere moederzorgen op zich te nemen.

De traagheid en stompzinnigheid der Luiaards blijkt ook, wanneer zij mishandeld of gewond worden. Het is een bekend feit, dat de laagst ontwikkelde dieren naar verhouding het best bestand zijn tegen mishandelingen, verwondingen en smarten; bij de Luiaards vindt men een bevestiging van deze stelling. Blijkbaar hebben zij een zeer taai leven. Zij verdragen zware kwetsuren met de onverschilligheid van een lijk. Dikwijls nemen zij niet eens een andere houding aan, na door een flink schot hagel getroffen te zijn. Volgens SCHOMBURGK blijft de werking van het vreeselijke curare-gif der Indianen bij hen langer uit, dan bij eenig ander dier.

Vele vijanden hebben deze weerlooze schepsels niet. Door hun leven in de boomen hebben zij weinig te lijden van de gevaarlijkste der dieren die hen bedreigen, n.l. van de Zoogdieren. Hierbij komt, dat hun vacht over 't algemeen in kleur overeenstemt met de takken, waaraan zij onbeweeglijk hangen, als vruchten aan een boom, zoodat voor het ontdekken van een slapenden Luiaard het geoefend oog van een Indiaan vereischt wordt. Bovendien zijn deze dieren niet zoo volkomen weerloos, als men aanvankelijk zou kunnen vermoeden. Ervaringen hierover kan men, daar zij in den boom natuurlijk moeielijk te genaken zijn, alleen opdoen bij Luiaards, die op den grond aangetroffen en aangevallen worden; zij keeren dan spoedig hun buikzijde omhoog, en grijpen den vijand met de klauwen aan; hunne ledematen, vooral de voorste, zijn zeer gespierd. Zelfs een sterke man heeft moeite om zich los te maken uit een omhelzing van dit dier, of om het los te rukken van den boomtak, waaraan het zich heeft vastgeklemd; deze bewerking gelukt trouwens in 't geheel niet, wanneer men niet den eenen voet na den anderen loshaakt en daarna vasthoudt.

Over het leven van den Luiaard in de gevangenschap was tot voor weinige jaren niet veel bekend. BUFFON verhaalt, dat de Markies DE MONTMIRAIL te Amsterdam een Luiaard kocht, die men tot aan dien tijd gedurende den zomer met malsche bladeren en gedurende den winter met scheepsbeschuit gevoed had. De Markies behield dit dier drie jaren lang in 't leven en voedde het met brood, appels en wortels, welke het met de klauwen van de voorvoeten aanvatte en naar den mond bracht. Tegen den avond werd het dier wakker, zonder ooit eenige bewijzen van hartstochtelijkheid te geven en zonder ooit te toonen, dat het zijn verzorger had leeren kennen.

Bij een rondreis door de dierentuinen van Engeland, Frankrijk, Holland, België en de Rijnlanden was ik te Amsterdam voor 't eerst in de gelegenheid, aan een levenden Luiaard waarnemingen te doen. De talrijke bezienswaardigheden van dezen dierentuin veroorloofden mij tot mijn spijt niet, langer dan een paar uren bij het hok van het merkwaardige dier te blijven. Maar reeds dit korte bezoek was voldoende om mij te leeren, dat de tot dusver gegeven beschrijvingen grootendeels zeer overdreven zijn. Later heb ik zelf verscheidene Luiaards gehad en bij hen mijne waarnemingen aangevuld. Ik wil niet zoo koen zijn te beweren, dat deze ook over de levenswijze van het dier in de vrije natuur onze denkbeelden kunnen wijzigen; toch kan ik verzekeren, dat de Luiaards volstrekt geen treurige, vervelende schepsels, maar integendeel zeer aantrekkelijk zijn, in alle opzichten waardig om in een dierenverzameling opgenomen te worden.

Kees, zoo heette de Luiaard van den Amsterdamschen dierentuin, bewoonde zijn hok reeds sedert negen jaren; hieruit blijkt, dat hij minstens even goed als andere dieren bestand is tegen de verandering van levenswijze, die met het verlies van de vrijheid gepaard gaat. Het door hem bewoonde hok was in 't midden met een houten stellage voorzien, om het dier gelegenheid tot klimmen te geven; de vloer was met een dikke laag hooi bedekt, de zijden waren door dikke glazen platen gesloten, van boven was het hok alleen met traliewerk bedekt. Op soortgelijke wijze heb ook ik de woningen van mijne gevangenen ingericht.

Als men over dag een bezoek brengt aan het dier, ziet men in dezen glazen kast niets anders dan een bal, die veel op een hoop droog rietgras gelijkt. Deze bal schijnt vormloos, omdat men van de ledematen van den Luiaard eigenlijk zoo goed als niets zien kan. Bij nauwkeuriger onderzoek blijkt het, dat dit de houding is, die hij gewoonlijk bij 't rusten en slapen aanneemt. De kop is teruggebogen naar de borst, zoodat de spits van den snuit op het onderste deel van den buik rust, en wordt door de pooten geheel bedekt. De ledematen liggen nl. dicht op elkander, de eene poot altijd afwisselend met den anderen, en zijn zóó overkruis gevouwen, dat men er niet tusschen door kan zien. In den regel zijn de klauwen van één of twee voeten om een stok van de stellage geslagen; niet zelden echter vat de Luiaard met de klauwen van den eenen voet de bovenarm of het bovenbeen van een anderen poot en slingert dus deze lichaamsdeelen op een vreemdsoortige wijze door elkander heen. Van den kop is op deze wijze niets te zien, men kan niet eens onderscheiden, waar de romp in [362]den hals en deze in den kop overgaat: kortom, men ziet niets anders dan een harigen bal, en moet al zeer goed toekijken om op te merken, dat deze bal zich langzaam op en neer beweegt. De bal is volkomen onverschillig voor alle pogingen, die de toeschouwers aanwenden om door kloppen, roepen en snelle bewegingen met de handen de aandacht van het dier te trekken; door geen beweging verraadt het zijn leven; gewoonlijk gaan de omstanders ontevreden weg, nadat zij verbijsterd den naam van het dier gelezen en eenige niet bijzonder vleiende opmerkingen over het "leelijke beest" gemaakt hebben.

Er komt echter zeer spoedig leven en beweging in den haarbal, als men het goed aanlegt; want de Luiaard is volstrekt niet zoo stompzinnig, als wel beweerd wordt, maar een ordentlijke, brave gast, die op goede behandeling aanspraak maakt. Zoodra zijn oppasser bij het hok komt en hem roept, heeft er een verandering van tooneel plaats. Bedachtzaam, of, laat ik liever zeggen, langzaam en op een eenigszins houterige wijze, ontwikkelt de bal zich tot een dier, dat, moge het al niet op een schoone gestalte bogen, toch volstrekt geen wangedrocht is, zooals wel eens beweerd werd, geen wezen zonder begrip en waarnemingsvermogen. Langzaam en gelijkmatig steekt de Luiaard een van zijne lange pooten uit en klemt de scherpe klauwen om een van de dwarsstangen van de stellage, Het is hem daarbij volkomen onverschillig, of hij het eerst een achterpoot dan wel een voorpoot uitsteekt, ook of de klauwen aangehaakt worden in den stand, dien zij gewoonlijk ten opzichte van den arm hebben, dan wel, in dien, welken zij na het omdraaien van den arm verkrijgen; al zijn ledematen gelijken op kabels, die geen gewricht hebben, maar overal beweeglijk zijn. In allen gevalle is de beweging van de ellepijp ten opzichte van het spaakbeen zoo volkomen, dat misschien geen enkel dier te dezen aanzien den Luiaard overtreft of nabij komt. Hij kan zich met alle vier pooten zóó vast haken, dat de klauwen van iederen poot een andere richting hebben dan die van den anderen. Die van één achtervoet zijn b.v. naar buiten, die van één voorvoet naar binnen, die van den anderen voorvoet naar voren en die van den laatsten achtervoet naar achteren omgeslagen; welke combinaties van houdingen men ook bedenkt, bij den Luiaard komen zij alle voor. Hij kan zijne ledematen geheel om hun as doen draaien, zooals een geoefende acrobaat, en het blijkt duidelijk, dat dit hem in 't geheel geen moeite kost. Hij haakt zich met de klauwen vast, zooals hem dit het best uitkomt, en kan ook, eens vastgehecht zijnde, zich geheel en al omdraaien, zonder in den stand der om de steunsels geklemde klauwen eenige verandering te brengen. Of de kop nu laag of hoog hangt, is hem eveneens onverschillig; hij grijpt even dikwijls met de achterpooten naar boven, als met de voorpooten naar onderen, hangt aan den rechter voorpoot of aan den linker achterpoot of omgekeerd, strekt zich dikwijls op zijn gemak uit, door zich met de achterklauwen vast te haken en den rug ergens op te laten rusten, zooals een luie Hond pleegt te doen. In deze houdingen, die steeds het bewijs zijn, dat de gemoedsrust van het dier niets te wenschen overlaat, krabt het zich vaak met een der niet vastgehaakte ledematen op alle deelen van zijn lichaam, ten deele door den poot er geheel om heen te slingeren. Het kan lichaamsdeelen bereiken, die voor een ander Zoogdier ontoegankelijk zijn zouden, kortom het geeft bewijzen van een werkelijk verrassende lenigheid. Wanneer de Luiaard zoo aan 't luieren is, doet hij de oogen bij afwisseling open en dicht, gaapt, steekt de tong uit en opent daarbij den stompen snuit zoover mogelijk. Steekt men hem nu door het traliewerk, dat het hok van boven bedekt, iets lekkers toe, b.v. een klontje suiker, dan klautert hij tamelijk vlug naar boven om de lekkernij in ontvangst te nemen, snuffelt bij den wand langs en opent den bek zoover mogelijk, alsof hij vragen wilde, hem het stukje suiker maar dadelijk in den mond te laten vallen. Daarna vreet hij het smakkend met gesloten oogen op en geeft duidelijk te kennen, dat hij de zoetigheid lekker vindt.

Den vreemdsoortigsten indruk maakt de Luiaard, als men hem vlak van voren ziet. De kopharen zijn in 't midden gescheiden, en hangen aan weerszijden van de scheiding naar beneden, waardoor de kop een uilachtig voorkomen verkrijgt. De kleine oogen zien er onnoozel uit, omdat de pupil nauwelijks de grootte van een speldeknop heeft en het oog dus geen uitdrukking bezit. Bij den eersten aanblik zou men kunnen meenen, dat het dier blind moet zijn. De lippen zijn steeds vochtig, alsof zij met vet bestreken zijn. Zij zijn bij den Unau niet zoo onbeweeglijk, als wel eens gezegd is, ook volstrekt niet hoornachtig, zooals soms beweerd werd, ofschoon zij vermoedelijk niet zoo buigzaam zijn als bij andere Zoogdieren; zij zijn trouwens bij het vreten tamelijk overbodig, want de beweging van de spitse tong vervangt de werkzaamheid van de lippen. De tong herinnert aan die van andere Tandeloozen, vooral van den Mierenleeuw. De Luiaard kan haar ver uitsteken en bijna als een hand gebruiken.

De Luiaard van den Amsterdamschen dierentuin werd met verschillende plantaardige stoffen gevoederd; gekookte rijst en wortels waren echter zijne gewone spijzen. De rijst gaf men hem op een bord, de wortels werden ergens op het hooi neergelegd. Gewoonlijk werd Kees vóór den maaltijd geroepen. Hij had dien tijd goed onthouden en richtte zich dadelijk op, zoodra hij zijn naam hoorde. In 't eerst taste hij zeer onhandig en plomp met de lange armen in 't rond; zoodra hij echter eens een wortel gegrepen had, verkregen zijne bewegingen dadelijk meer vastheid. Hij trok den wortel naar zich toe, vatte hem eerst met den mond, daarna met de beide pooten, of liever met de klauwen, aan, klemde hem er tusschen en beet nu, terwijl hij den wortel steeds verder in den bek schoof, betrekkelijk zeer groote stukken er van af; hij lekte zich intusschen voortdurend de lippen schoon en deed dit ook met den wortel, die hij nu eens aan de eene dan weer aan de andere zijde in den mond stak. Aan een bordje rijst en drie wortels per dag heeft hij genoeg.

De stompzinnige onverschilligheid, waarvan de reizigers melding maken, kan, althans bij den Unau, plaats maken voor een duidelijk merkbare opgewondenheid. Zoo goed als de Luiaard vriendschap toont voor zijn verzorger, zoo goed onderscheidt hij hem van andere personen; hun toont hij soms de tanden, of bedreigt ze met de klauwen, terwijl hij zich zonder weerstand te bieden van zijn oppasser elke aanraking en behandeling laat welgevallen. Nog onvriendelijker gedraagt de Tweeteenige Luiaard zich tegenover andere wezens. Mijn plan om den Unau en den Aï in een en hetzelfde hok te laten wonen, werd door den eerstgenoemden, den oudsten bewoner van het hok, verijdeld; de poging om de beide verwanten bij elkander te brengen moest onmiddellijk opgegeven worden. Al de luiheid, die hem toegeschreven wordt, geheel verloochenend, viel de Unau, zoodra hij zijn stamgenoot zag, dezen onmiddellijk aan, gaf hem eerst eenige goed gemikte [363]slagen met een zijner krachtige pooten, en pakte hem vervolgens zoo woedend met de tanden aan, dat de oppasser de beide dieren zoo schielijk mogelijk van elkander scheiden moest, en den Aï, den onschuldigsten van de twee, in veiligheid moest brengen: hetgeen niet kon geschieden, voordat deze van den vertoornden Unau eenige slagen met de klauwen had ontvangen.

Duidelijk verschilt van den tot dusver beschreven aard van den Unau, die van den Aï. Op dezen doelden de meeste reizigers bij de schildering van den Luiaard en in vele opzichten zijn de mededeelingen van de meeste berichtgevers op hem toepasselijk. Het valt niet te betwijfelen, dat hij veel minder begaafd is dan zijn stamgenoot.—Wanneer hij, wakker wordend, den dunnen hals en den kleinen kop ver uitsteekt, blijkt het spoedig, dat hij niet tevergeefs negen halswervels heeft. Want met even groot gemak, als waarmede wij de hand omdraaien, draait hij den kop zoover om, dat het achterhoofd geheel in het verlengde van de borst, het aangezicht echter aan de rugzijde komt te liggen. (Zie de afb. op p. 360.) Geen ander Zoogdier is in staat tot deze draaiing, die aan den Drieteenigen Luiaard een hoogst zonderling voorkomen verschaft. De Tweeteenige Luiaard beproeft deze beweging van den kop nimmer; de Aï draagt den kop meestal in deze schijnbaar onnatuurlijke houding, ofschoon hij haar naar vekiezing door de andere kan vervangen. Zoo gemakkelijk de draaiing van den hals plaats heeft, zoo plomp zijn alle overige bewegingen van den Aï, in vergelijking met die van de Unau.

Yurumi (*Myrmecophaga jubata*). 1/12 v.d. ware grootte.

Het voordeel, dat de Luiaards brengen aan de menschelijke bewoners van hun woongebied, is buitengewoon gering. In sommige streken eten de Indianen en de Negers hun vleesch, welks onaangename reuk en smaak den Europeanen walging veroorzaken; op sommige plaatsen wordt hun huid verwerkt tot een zeer taaie, stevige en duurzame leersoort. Schade kunnen deze dieren niet veroorzaken; daar zij in dezelfde mate verdwijnen, als het door den mensch bewoonde gebied zich uitbreidt. Ook zij staan op de lijst van de diersoorten, welker verdwijning van den aardbol men met zekerheid voorspellen kan. Slechts in de afgelegenste wouden kunnen zij zich handhaven, en zoolang de prachtige boomen, die hun een woonplaats en voedsel verschaffen, door den bijl van den steeds verder doordringenden Europeaan verschoond worden, zoolang zullen ook zij hun leven kunnen rekken.

De Miereneters of Mierenberen (*Myrmecophagidae*), die de tweede familie vormen, hebben uitwendig slechts weinig overeenkomst met de Luiaards. Het lichaam is gerekt, de kop, vooral de snuit, sterk verlengd; de staart bereikt bijna de helft van de lengte van het overige lichaam. Een dichte, ruige, eigenaardige vacht bedekt den romp, vooral de bovenzijde. De achterste ledematen zijn slank, en zwakker dan de voorste. Zoowel de voorvoeten als de achtervoeten hebben, zooals uit het onderzoek van het geraamte blijkt, vijf teenen, die evenwel niet alle met klauwen voorzien zijn. De mondspleet is zeer klein; de lange, dunne en cilindervormige tong herinnert aan een Worm. De ooren en de oogen zijn zeer klein. Nog opmerkelijker is de bouw van den kop. Door de verlenging van de neusbeenderen en bovenkaaksbeenderen, is de snuit lang, buisvormig, geworden; de tusschenkaaksbeenderen zijn zeer klein en gekromd, met de bovenkaaksbeenderen alleen door kraakbeen verbonden. Tevergeefs zou men hier naar tanden zoeken; elke spoor ervan ontbreekt.

De grootste soort van deze familie is de Groote Miereneter of Manendragende Mierenbeer, die in Paraguay Yurumi (= "kleine mond"), in Suriname Tamanoa wordt genoemd (*Myrmecophaga jubata*). De vacht van dit opmerkelijke dier bestaat uit dichte, stijve borstelharen, die bij het bevoelen ruw zijn. Dicht achter den kop, langs den nek en de ruggegraat, vormen zij manen en [364]hebben zij een lengte van hoogstens 24 cM.; aan den staart zijn zij 26 à 40 cM., aan de overige lichaamsdeelen, bij en aan de pooten hoogstens 8 à 11 cM. lang. De kleur van de vacht is tamelijk verschillend; aan den kop is zij aschgrauw met zwart gemengd; bijna dezelfde kleur hebben de nek, de rug (ten deele ook de zijden van den romp), de voorpooten en de staart. De keel, de hals, de borst, de buik, de achterpooten en de onderzijde van den staart zijn zwartbruin. Een zwarte, naar achteren spits toeloopende streep, strekt zich van den kop en de borst over den rug in schuinsche richting naar achteren uit tot aan het kruis, en wordt omgeven door twee hieraan evenwijdige, smalle, bleekgrijze strepen. Een zwarte strook bedekt het uiteinde van den voorarm; zwart zijn ook de teenen van de voorvoeten en de onbehaarde deelen van het lichaam. De lengte van den volwassen Yurumi bedraagt 1.3 M., zonder den staart, die 68 cM. lang is, als men de haren niet mederekent, met deze echter minstens 95 cM. en dikwijls nog meer. In 't geheel is het dier dus 2.3 M. lang; soms treft men echter oude mannetjes aan, die nog langer zijn.

"De Yurumi," zegt R‍ENGGER, "ziet er zeer leelijk uit. Zijn kop heeft den vorm van een langen, dunnen, een weinig naar beneden omgebogen kegel en eindigt in een kleinen, stompen snuit. De beiden kaken zijn even lang; de onderste kan slechts weinig beweging maken; de spleetvormige mondopening is zoo klein, dat zij met een dikken mansduim geheel gevuld is; de neusgaten zijn halvemaanvormig; de kleine oogen zijn diep gelegen; de eveneens kleine ooren zijn iets meer dan 25 mM. breed, even lang en van boven afgerond. Wegens de lange beharing schijnt de hals dikker dan het achterhoofd; de romp is groot, wanstaltig en van boven naar onderen een weinig samengedrukt; de ledematen zijn kort, de voorarmen breed en zeer gespierd. De voorvoeten hebben vier teenen, ieder voorzien met een dikken nagel, die als een adelaarsklauw samengedrukt is. Bij 't gaan en in den toestand van rust, is deze nagel naar de zool teruggebogen; bij 't gaan rust alleen de buitenrand van de zool, die vlak achter den buitensten teen met een groote eeltplek voorzien is, op den grond. Van de achtervoeten komt echter de geheele zool met den grond in aanraking. De lange, ruige staart is hoog en smal en vormt een echte pluim. De tong, die niet meer dan 9 mM. dik is, heeft den vorm van een langen, naar den top ongevoelig dunner wordenden kegel; zij bestaat uit twee spieren en twee klierachtige lichamen, die bij haar wortel gelegen zijn. Zij kan sterk verlengd worden; het dier kan haar bijna 50 cM. ver buiten den bek uitsteken.

"De Yurumi komt in Paraguay niet veelvuldig voor; hij bewoont de onbewoonde of althans weinig bezochte vlakten in 't noorden des lands. Hij heeft geen bepaald leger en ook geen andere vaste verblijfplaats, maar zwerft over dag door de vlakte rond, en slaapt daar, waar de nacht hem overvalt; tot slaapplaats kiest hij echter bij voorkeur een plek, waar het gras zeer hoog is, of waar althans eenige struiken voorkomen. Gewoonlijk ontmoet men hem alleen, tenzij men te doen heeft met een wijfje en haar jong. Zijn langzame, stappende gang verandert soms, als hij vervolgd wordt, in een loggen galop, waardoor hij echter zoo weinig vordert, dat een voetganger hem met een gewonen pas kan inhalen. Zijn voedsel bestaat uitsluitend uit Termieten en Mieren en uit de larven van deze Insecten. Om deze dieren te verkrijgen, krabt hij met de nagels van zijne voorpooten de heuvels en de aardhoopen, die haar tot woonplaats dienen, open, steekt dan zijn lange tong tusschen de van alle zijden toesnellende Insecten en trekt haar met diertjes bedekt in den bek terug. Hiermede gaat hij voort, tot hij verzadigd is, of totdat er geen Mieren of Termieten meer te voorschijn komen.

"Het wijfje werpt in 't voorjaar één enkel jong en draagt dit een tijd lang op den rug met zich. Het is een stil en vreedzaam dier, dat noch den mensch, noch eenig ander Zoogdier kwaad doet, tenzij het sterk geplaagd wordt. Men kan den Yurumi in het open veld over een grooten afstand voor zich uitdrijven, zonder dat hij weerstand biedt. Wanneer hij echter mishandeld wordt, gaat hij op de achterpooten staan en steekt de armen naar zijn vijand uit om dezen met zijne nagels te grijpen.

"Ik heb langen tijd een Yurumi gehad, die nog geen jaar oud was, toen ik hem kreeg. Men had hem in een boerderij aan den linkeroever van den Nexay gevangen tegelijk met zijn moeder, die echter weinige dagen daarna stierf. Ik voedde hem met melk, Mieren en gehakt vleesch. De melk slurpte hij op, of wel hij stak de tong er in en trok deze vervolgens met het weinige er aan hangende vocht in den bek terug. De Mieren zocht hij in den tuin of in de nabuurschap van het huis op.

"Het vleesch en het vel van den Yurumi worden alleen door de wilde Indianen gebruikt; er zijn echter landlieden in Paraguay, die het vel van dit dier, onder het beddelaken gelegd, voor een uitmuntend middel tegen pijn in de lenden houden en het voor dit doel gebruiken. Zelden wordt op dezen Miereneter jacht gemaakt; wanneer men hem echter toevallig in het veld ontmoet, kost het niet veel moeite hem door eenige stokslagen op den kop te dooden. De menschen moesten deze dieren liever beschermen dan vervolgen, want wel verre van schadelijk te zijn, bewijzen zij hun een belangrijken dienst, door het aantal Termieten en Mieren te verminderen, die in eenige gewesten van Paraguay zoozeer de overhand genomen hebben, dat daar niets verbouwd kan worden. Waarschijnlijk heeft hij behalve den mensch geen andere vijanden dan de Jagoear en den Koegoear. De fabelachtige verhalen van de bewoners van Paraguay over gevechten, die tusschen den Miereneter en den Jagoear zouden plaats vinden, zijn reeds door AZARA wederlegd."

Van andere onderzoekers vernemen wij, dat de Miereneter niet slechts Paraguay, maar ook bijna alle overige landen van het oosten van Zuid-Amerika bewoont, en dat zijn verbreidingsgebied zich uitstrekt van den La-Platastroom tot aan de Caraïbische Zee. Bij 't gaan houdt hij den kop naar den grond gebogen en besnuffelt met den neus den bodem. Den staart draagt hij intusschen recht uitgestrekt en de manen van den rug hoog opgezet, zoodat hij veel grooter schijnt, dan hij werkelijk is. Behalve Mieren en Termieten hebben nieuwere onderzoekers in de maag van den Yurumi ook nog wel aarde en houtvezels gevonden; deze slikt het dier onwillekeurig door, terwijl het de Mieren verslind. Dat het behalve de dieren, die zijn hoofdvoedsel uitmaken, ook zeer gaarne Duizendpooten en Wormen eet, voor zoover deze niet te groot zijn, is aan geen twijfel onderhevig.

In lateren tijd zijn gevangen Miereneters herhaaldelijk naar Europa gebracht; men heeft ze hier bij doelmatige voeding jaren lang in 't leven kunnen houden.

De gevangenen van den Londenschen dierentuin krijgen rauw, zeer fijn gehakt vleesch en eidooier als [365]voedsel; de Mierenbeer in den Hamburger dierentuin, waarover door NOLL berichten zijn gegeven, hield bovendien zeer veel van brij, die bereid was door maïsmeel met heete melk aan te roeren, en met een lepel stroop zoet te maken; het was een vreemdsoortig schouwspel, het zonderlinge dier voor den schotel brij te zien staan en dezen met zijn merkwaardige tong te zien ledigen. Met een bijna ongeloofelijke snelheid, ongeveer 160 maal in de minuut, wordt de zwartachtige, rolvormige tong wel 50 cM. ver buiten den mond en in de brij gestoken, waarin zij zich kronkelt om onmiddellijk daarna met spijs bedekt weer in den bek teruggetrokken te worden.

Tamandoea (*Tamandua tetradactyla*). ⅓ v.d. ware grootte.

Dat de Miereneter niet alleen volgens het oordeel der menschen een zonderlinge gedaante heeft, maar ook bij andere dieren verrassing en zelfs schrik teweegbrengt, bleek, toen het dier in het apenhuis zou geborgen worden. Alle bewoners van dit huis werden bij 't zien van den nieuwen commensaal door een hevigen schrik bevangen; de Apen schreeuwden en raasden zoo, dat men om hun het uitzicht te benemen hunne hokken bedekken moest; zelfs een Chimpanzee kroop, bij het zien van het voor hen zoo vreeselijke dier, vol angst onder het stroo.

*

De overige Miereneters zijn boombewoners. Van deze gelijkt de Tamandoea of Cagoear (*Tamandua tetradactyla*) nog het meest op zijn zooeven beschreven stamgenoot; toch wordt hij als vertegenwoordiger van een afzonderlijk geslacht beschouwd, omdat hij aan de voorpooten vier, aan de achterpooten vijf teenen heeft, die alle met klauwen voorzien zijn, terwijl bovendien zijn staart een grijpstaart is. Deze soort bewoont dezelfde landen als de vorige, met uitzondering van Peru. Zijn lengte bedraagt ongeveer 1 M., met inbegrip van den aan zijn topgedeelte geschubden, overigens echter behaarden, 40 cM. langen staart; de gemiddelde hoogte van dit dier is 30 à 35 cM.

Tot dusver is men van de levenswijze van dit merkwaardige wezen nog niet voldoende op de hoogte. In Paraguay en Brazilië leeft de Tamandoea overal in de eenzame, met bosch begroeide gewesten; gaarne houdt hij zich op in den woudzoom en in het kreupelhout, dikwijls ook dicht bij de woningen der menschen; hij is niet gelijk zijne grootere verwanten tot den bodem beperkt, maar klautert zeer behendig in de boomen, hoewel hij dit, evenals de Luiaards, zeer langzaam doet; evenals de andere dieren met echten grijpstaart zorgt hij er voor, zich voor den staart een stevig steunpunt te verschaffen, zelfs gedurenden den slaap. Zijn voedsel bestaat bij voorkeur uit Mieren en wel hoofdzakelijk uit die, welke in de boomen leven.

Ook de Tamandoea is in den laatsten tijd eenige malen levend naar Europa en wel naar Londen overgebracht. Het eerste exemplaar had BARTLETT in zijn kamer gehuisvest, om goed te kunnen nagaan hoe het zich beweegt. Met behulp van de kolossale, haakvormige klauwen en van den grijpstaart klom het schielijk op de verschillende meubelen, en sprong, toen het vertrouwelijker werd, van hier op BARTLETT's schouders, waarbij hij; den spitsen snuit en de lange, wormvormige tong in alle plooien van de kleederen van zijn verzorger stak en diens ooren, neus en oogen op een niet juist aangename wijze onderzocht. Later, toen de Tamandoea een andere verblijfplaats had gekregen, kwam hij, wanneer een bezoeker hem naderde, snel bij het traliewerk aan de voorzijde van het hok en liet zijn onderzoekende tong vlug over de tegen de traliën gehouden hand glijden; men moest echter wel oppassen, dat het dier de klauwen niet om de vingers sloeg.

Eigenaardig is de sterke, muscusachtige reuk, die de Tamandoea verbreidt, vooral als hij geplaagd wordt.

*

De Dwerg- of Tweeteenige Miereneter (*Cycloturus didactylus*), een diertje van de grootte van een Eekhoorn, is ongeveer 40 cM. lang, waarbij 18 cM. voor den grijpstaart. Aan de voorvoeten komen vier teenen voor, waarvan slechts twee met stevige klauwen voorzien zijn; de achtervoeten hebben vijf teenen. De vacht is zoo zacht als zijde, aan de bovendeelen vosrood, aan de onderdeelen grijs; ieder haar van de bovendeelen is zwart met geelbruine spits, de haren van de onderdeelen zijn grijsbruin.

  Hoewel ook de Dwerg-Miereneter tamelijk plomp gebouwd is, maakt hij, vooral wegens zijn fraaie vacht, geen onaangenamen indruk. Zijn verbreidingsgebied is beperkt. Men heeft hem tot dusver alleen gevonden in het noorden van Brazilië, in Guyana en Peru, dus in gewesten, die tusschen 10° Z.B. en 6° N.B. gelegen [366]zijn. In het gebergte komt hij soms tot op 600 M. boven den zeespiegel voor. Bijna overal is hij zeldzaam, of wordt althans niet veelvuldig aangetroffen. Hij houdt zich op in de dichtste wouden. Daar hij geheel en al nachtdier is, brengt hij den dag slapend in de boomkronen door. Zijne bewegingen zijn onbeholpen, langzaam en afgemeten; hij klimt echter behendig, hoewel voorzichtig en steeds met behulp van den staart. Zijn voedsel bestaat uit Mieren, Termieten, Bijen, Wespen, en uit de larven van deze Insecten.

  De Gordeldieren (*Dasypodidae*) zijn, evenals de Luiaards, ontaarde afstammelingen van een familie, die vroeger van grootere beteekenis was, dan nu. In vergelijking met sommige van hunne verwanten uit den voortijd moet men ze als dwergen beschouwen. Sommige van deze, die een rugpantser hadden uit onbewegelijk aaneengevoegde beenplaten samengesteld (*Glyptodontia*), bereikten de afmetingen van een Neushoorndier, o.a. *Panochthus tuberculatus*; de grootste soorten van het geslacht *Glyptodon* werden 2 M. lang en 1.2 M. hoog; het rugpantser van *Glyptodon reticulatus* had een lengte van 1.6 M. en een hoogte van 1 M. Sommige soorten van andere geslachten hadden minstens den omvang van een Rund; *Doedicurus clavicaudatus* b.v. was 3.6 M. lang. [Nog grooter waren echter de nauw aan de Luiaards verwante Gravigraden: het in 1789 te Lujan bij Buenos Aires uitgegraven skelet van *Megatherium Cuvieri,* dat zich in 't museum te Madrid bevindt, had een lengte van 4.5 M. bij een hoogte 2.5 M. Uit den bouw der ledematen van dezen Reuzenluiaard blijkt, dat hij zich slechts langzaam en onbeholpen over den bodem kon voortbewegen, en dat de voorpooten grijporganen waren, die vermoedelijk dienden om takken en twijgen af te breken, of zelfs om geheele boomen om te werpen, terwijl het gewicht van het lichaam door de achterpooten en den staart werd gedragen.] De hedendaagsche Gordeldieren worden slechts 1.5 M., zonder den staart echter slechts 1 M. lang. Alle gordeldieren zijn plompe wezens met een, wegens den langen snuit, langwerpigen kop, waarboven groote varkenssooren uitsteken, met een stevigen staart en korte pooten, die zeer krachtige, voor 't graven geschikte klauwen dragen. Den naam ontleenen zij aan het eigenaardige maaksel van hun uit beenplaten samengesteld, door de lederhuid gevormd pantser, dat bedekt is door een opperhuid, welker buitenste laag verhoornt. Het pantser van de meeste soorten bestaat uit drie afdeelingen: een onbeweeglijk voorste of schouderschild, een uit beweeglijke dwarsringen of gordels samengesteld middelschild, en een onbeweeglijk kruis of bekkenschild. Door de beweeglijke gordels onderscheidt zich dit pantser van het schubbenkleed van andere Zoogdieren. De middelste gordels, die voor de onderscheiding van de soorten van belang zijn, hoewel hun aantal ook bij de dieren van dezelfde soort niet altijd even groot is, bestaan uit langwerpige, vierhoekige platen, terwijl het schouderschild en het kruisschild gevormd worden door dwarsrijen van vier- of zeshoekige platen, waartusschen kleine, onregelmatige platen gelegen zijn. De voorrand van iederen gordel wordt in den regel door den achterrand van den voorafgaanden gordel bedekt. Bij eenige soorten is het geheele rugpantser uit zulke bewegelijke dwarsringen samengesteld. De kop, de staart en de buitenzijde van de ledematen worden door kleinere beenplaten beschermd. Alleen de bovenzijde van deze dieren is gepantserd; de onderzijde van den romp is met meer of minder grove, borstelige haren bedekt; zulke borstels komen ook op vele plaatsen tusschen de schilden te voorschijn.

Bij geen enkele Zoogdieren-familie varieert een aantal tanden zoo sterk als bij de Gordeldieren. Eenige soorten hebben zooveel tanden, dat de naam Tandeloozen, op hen toegepast, eerst dan eenige beteekenis krijgt, wanneer men er de nadruk op legt, dat de tusschenkaaksbeenderen altijd tandeloos zijn, of wanneer men op de gebrekkigheid van de tanden wijst. Tot dusver heeft men nog niet eens met voldoende zekerheid kunnen bepalen, hoeveel tanden deze of die soort van Gordeldieren bezit, want ook binnen de grenzen van de soort komen er ten aanzien van het aantal tanden belangrijke afwijkingen voor. Over 't algemeen kan men zeggen, dat dit getal nooit geringer is dan acht in elke kaakhelft, en dat het stijgen kan tot 26 aan elke zijde van de bovenkaak, en 24 aan elke zijde van de onderkaak, zoodat het geheele aantal tanden 100 kan bedragen.

Ondanks dit groot aantal tanden is het gebit van weinig beteekenis; door hun onvolkomen samenstelling hebben zij als 't ware opgehouden tanden te zijn. Zij gelijken op zijdelings samengedrukte cylinders, hebben geen echte wortels, missen het email en wisselen ook in groote aanmerkelijkheid af. Gewoonlijk nemen zij van den eersten tot ongeveer den middelsten allengs aan grootte toe, en daarna naar achteren langzamerhand af, maar ook deze verhouding is geen doorgaande regel. Bovendien zijn de tanden buitengewoon zwak. Wel grijpen zij in elkander, maar het dier is niet in staat met kracht toe te bijten of te kauwen. — De tong gelijkt eenigszins op die van den Miereneter, maar is veel korter en kan niet zoo ver buiten den bek gestoken worden; zij is driekantig toegespitst en met kleine verhevenheden bezet. Door buitengewoon groote speekselklieren in de onderkaak, wordt zij voortdurend bedekt gehouden met een kleverig slijm.

Alle Gordeldieren zijn bewoners van het Zuid-Amerikaansche faunistische rijk tot aan Mexico. Zij bewonen schaars begroeide en zandige vlakten en velden, en komen niet verder dan tot aan den woudzoom, zonder in dezen door te dringen. Slechts gedurende de paring komen verscheidene individuën van dezelfde soort bijeen; gedurende het overige deel van 't jaar leeft ieder Gordeldier afzonderlijk, en bekommert zich niet veel om de andere levende wezens, met uitzondering van die, welke het tot voedsel dienen. Alle Gordeldieren verbergen zich over dag zooveel mogelijk en graven daarom gangen, die bij de meeste geen groote uitgestrektheid hebben; één soort leeft echter, evenals de Mol, onder den grond. De overige graven hunne holen bij voorkeur aan den voet van groote Mieren- of Termietenwoningen; omdat hun voedsel hoofzakelijk bestaat uit Insecten en hunne larven, vooral echter uit Mieren en Termieten. Wormen en Slakken worden, als de gelegenheid zich voordoet, ook opgegeten; doode dieren, die in ontbinding verkeeren, worden evenmin versmaad; sommige houden ook veel van plantaardig voedsel.

Zoodra 's avonds de duisternis invalt, verschijnen de gepantserde dieren voor hunne onderaardsche woningen, en zwerven een tijd lang rond, waarbij zij zich langzaam stappend van de eene plaats naar de andere begeven. De vlakke bodem is hun eigenlijk rijk; hier zijn zij te huis zooals weinig andere dieren. Zoo langzaam en traag zij schijnen, als zij gaan of op een andere wijze zich bewegen, zoo snel en behendig zijn [367]zij, als het hun doel is in den grond te graven. Als zij opgejaagd, verschrikt of vervolgd worden, weten zij niets beters te doen, dan zich in den volsten zin van het woord aan den grond toe te vertrouwen. En zij verstaan het graven werkelijk zoo goed, dat zij letterlijk voor de oogen van den toeschouwer in den grond wegzakken. Omdat zij zoo geheel en al het vermogen om zich te verdedigen missen, zouden zij weerloos aan hunne vijanden overgeleverd zijn, indien zij niet in staat waren hun op deze wijze te ontkomen. Wel is waar is één soort in staat om zich tot een bal op te rollen als onze Egel; hij doet dit echter alleen in den uitersten nood, om vervolgens zoo schielijk mogelijk weder te gaan graven en zich in den grond te verbergen. Deze oogenschijnlijk zoo stumperachtige dieren weten zich trouwens ook wel in 't water te redden.

De Gordeldieren zijn onschadelijke, vreedzame, stompzinnige wezens, zonder eenige in 't oog loopende geestesgaven. Hun stem bestaat uit een knorrend geluid, zonder kleur of uitdrukking. Ook de Gordeldieren staan aan den vooravond van hun algeheele uitroeiing. Hun vermenigvuldiging is gering. Wel werpen eenige soorten tot aan 9 jongen; deze groeien echter zoo buitengewoon langzaam, en zijn evenals hunne ouders zoo weinig opgewassen tegen hunne vijanden, dat er bij geen enkele soort sprake kan zijn van toeneming van het aantal.

De Gordeldieren of Armadillen (*Dasypus*) hebben alle nagenoeg dezelfde gestalte. De op korte pooten rustende romp is gedrongen, de kegelvormige staart middelmatig lang, gepantserd en stijf, de pantserschilden beenig en volkomen met de onderliggende deelen vergroeid. Het middelschild bestaat uit zes of meer beweeglijke gordels. Alle voeten hebben vijf teenen; de klauwen van de voorvoeten zijn zijdelings samengedrukt, de buitenste een weinig naar buiten gedraaid.

Alle Gordeldieren dragen in de Guaranische taal den geslachtsnaam Tatoe, die ook in de Europeesche talen is overgenomen. De naam "Armadil" is van Spaanschen oorsprong en beteekent eigenlijk "gepantserd", "met een harnas voorzien." Deze naam wordt bij voorkeur gebruikt voor het Zesgordelige Gordeldier, terwijl men voor de overige soorten den Guaranischen of anderen vaderlandschen naam behouden heeft.

Een van de meest bekende Gordeldieren—de Tatoepoyoe der Guarani, d.i. de "Tatoe met de gele hand", ons Borstelig Gordeldier (*Dasypus villosus*),—dat de Pampas van Buenos Aires bewoont, heeft van al zijne verwanten het leelijkste en plompste voorkomen. De nek is voorzien met een kraag van 9 naast elkander gelegen, langwerpig vierhoekige schildjes; op het voorste deel van den rug bevinden zich aan elke zijde zeven, in het midden vijf overlangsche reeksen van onregelmatig zeshoekige platen. Op dit schouderschild volgen zes van elkander gescheiden, beweeglijke gordels, die uit langwerpig vierhoekige schildjes zijn samengesteld; hierna komt het kruis- of bekkenschild, dat uit tien reeksen van langwerpig vierhoekige schildjes bestaat. Het dichtst bij den romp gelegen deel van den staart is gepantserd met vijf beweegbare gordels, die uit vierhoekige schildjes samengesteld zijn; het overige deel van den staart is met onregelmatig zeshoekige schildjes bedekt. De kop is aan de bovenzijde door een groep van onregelmatig zeshoekige schildjes beschut, dit kopschild heeft boven ieder oog een inham. Onder ieder oog bevinden zich eenige samenhangende, horizontale en aan den hals twee dwarsloopende, niet samenhangende reeksen van schildjes. Ook de bovenzijde van de voeten en de voorzijde van den voorarm zijn met onregelmatig zeszijdige schubben bezet. Alle pantserplaten zijn bruinachtig geel van kleur; door schuring tegen de wanden van het hol worden zij soms lichtgeel. De overige lichaamsdeelen zijn bedekt met een bruinachtige, gerimpelde huid, die met talrijke platte wratten bezet is. Lichtkleurige haren staan langs den achterrand van de gordels en van eenige andere reeksen van schildjes; met bruine haren zijn de niet gepantserde lichaamsdeelen begroeid. De lichaamslengte bedraagt 50 cM. zonder den 24 cM. langen staart, de schouderhoogte 24 cM.

Het Zesgordelige Gordeldier (*Dasypus sexcinctus*) gelijkt op de vorige soort en is met inbegrip van den 20 cM. langen staart 55 à 60 cM. lang. Het heeft achter en tusschen de ooren een uit acht stukken bestaande reeks van schildjes, zes breede gordels zijn gelegen tusschen het schouderschild en het bekkenschild. Het pantser is bruinachtig geel, aan de rugzijde donkerder; de gewone huid is bleek bruinachtig geel.

De Gordeldieren blijven niet in een bepaald gebied, maar veranderen dikwijls van leger. Dit bestaat uit een gangvormig, 1 à 2 M. lang hol, dat door henzelf gegraven wordt. De opening van dit hol is kringvormig en heeft, al naar de grootte van het dier, een middellijn van 20 à 60 cM.; nader bij het blind loopende uiteinde wordt de gang wijder; het laatste gedeelte is kamervormig, zoodat de bewoner zich onder den grond gemakkelijk omdraaien kan. In de wildernis gaan deze dieren, als de lucht bewolkt is en het felle zonlicht hen dus niet hindert, ook over dag uit; in bewoonde gewesten verlaten zij hunne holen niet voordat de schemering aanvangt, maar zwerven dan ook gedurende den ganschen nacht rond. Het schijnt hun tamelijk onverschillig te zijn, of zij hun hol terugvinden of niet; als zij den weg gemist hebben, graven zij zonder aarzeling een nieuw hol. Hiermede beoogen zij een tweeledig doel, zooals reeds door AZARA werd opgemerkt en door andere natuuronderzoekers bevestigd: de Gordeldieren leggen hunne holen hoofdzakelijk onder Mieren- en Termietenhoopen aan om in de gelegenheid te zijn, hun belangrijkste voedsel ook over dag in te zamelen.

Behalve uit Mieren en Termieten bestaat het voedsel van de Gordeldieren hoofdzakelijk uit Kevers en hunne larven, uit Rupsen, Sprinkhanen en Aardwormen. Het staat bovendien onwedersprekelijk vast, dat zij ook plantaardig voedsel gebruiken; uit het onderzoek van de maag van gedoode dieren is dit gebleken.

Het is licht te begrijpen, dat de omzwervingen van den Armadil altijd slechts binnen een beperkten kring kunnen plaats hebben. De gewone gang van deze dieren is een langzame draf, de eenige versnelling, die zij er in kunnen aanbrengen, is het schielijker verplaatsen van de pooten; toch kunnen zij op deze wijze zoo snel vooruitkomen, dat een mensch ze niet kan inhalen. Het is voor hen een onmogelijkheid sprongen te maken of zich snel en behendig om te draaien. De zwaarlijvigheid verhindert gene, het nauwsluitend pantser deze verrichting. Zij kunnen dus, als zij aan hun gang de grootst mogelijke snelheid willen geven, niets anders doen dan in rechte richting voortdraven of een zeer grooten boog beschrijven; zij zouden weerloos aan [368]hunne vijanden prijs gegeven zijn, indien zij niet andere kunststukken verstonden. Wat aan hun behendigheid ontbreekt, wordt door hun groote spierkracht vergoed. Deze openbaart zich vooral in de snelheid, waarmede zij zich in den grond verbergen, zelfs op plaatsen waar een houweel slechts met moeite doordringt, b.v. aan den voet van Termieten-heuvels. Een volwassen Tatoe, die een vijand in de buurt bespeurt, heeft slechts 3 minuten noodig om een gang te graven, die aanmerkelijk langer is dan zijn lichaam. Zoodra zij zich zoover hebben ingegraven, dat hun lichaam geheel in den gang is doorgedrongen, is zelfs de sterkste man niet meer in staat, om ze aan den staart rugwaarts uit hun hol te trekken. Daar hunne holen nooit wijder zijn dan voor het binnensluipen juist noodig is, hebben zij eenvoudig hun rug eenigszins te krommen om te maken, dat de randen van de gordels aan de rugzijde en de scherpe klauwen aan de buikzijde den weerstand zoozeer doen toenemen, dat niemand dien overwinnen kan.

Zesgordelig Gordeldier (*Dasypus sexcinctus*). ⅕ v.d. ware grootte.

Het wijfje werpt in den winter of in het voorjaar 4 à 6 jongen en houdt ze gedurende eenige weken zorgvuldig in haar hol verborgen. Waarschijnlijk duurt de zoogtijd niet lang, want men ziet de jongen spoedig in 't veld rondloopen. Zoodra zij eenigszins in staat zijn om zichzelf te redden, gaat ieder zijns weegs en de moeder bekommert zich in 't geheel niet meer om haar kroost.

Men jaagt den Tatoe gewoonlijk bij maneschijn. De jager wapent zich met een dikken stok van hard hout, die aan het einde spits of ook wel knotsvormig toeloopt en zoekt met eenige Honden het wild op. Als de Tatoe de Honden nog te rechter tijd bemerkt, vlucht hij oogenblikkelijk naar zijn eigen hol; veel liever graaft hij zich zoo schielijk mogelijk een nieuw hol, dan dat hij in een vreemd hol zijn toevlucht zoekt. Als de Honden hem ingehaald hebben, voordat hij het hol bereikt heeft, dan is hij verloren. Daar zij hem met de tanden niet aanpakken kunnen, houden zij hem met den snuit en de pooten vast, totdat de jager bij hen gekomen is en het Gordeldier door een slag op den kop doodt. Geoefende Honden trachten den loopenden Tatoe met den neus om te wenden om hem aan de onderzijde te kunnen aangrijpen. Als dit gebeurd is, verscheuren zij hem oogenblikkelijk in den letterlijken zin van 't woord; het pantser kraakt daarbij onder hunne tanden, alsof eierschalen worden stuk geknepen. Een Tatoe, die zijn hol heeft kunnen bereiken, ontkomt altijd aan de Honden, omdat het hun niet mogelijk is, hem op te graven. Wanneer hij door de Honden gegrepen is, denkt hij er niet aan zich te verdedigen, hoewel hij, naar men zou zeggen, met zijne klauwen belangrijke verwondingen zou kunnen toebrengen.

Alle Gordeldieren worden door de Zuid-Amerikanen ten zeerste gehaat, omdat zij de oorzaak zijn van vele ongelukken. De koene ruiters van de steppen, die het grootste deel van hun leven te Paard zittend doorbrengen, worden door den arbeid der Gordeldieren op sommige plaatsen zeer gehinderd. Het paard, dat in gestrekten galop voortsnelt, trapt plotseling in een hol, en kan met den ruiter verongelukken. Daarom vervolgen de eigenaars van alle landbouwondernemingen en veefokkerijen den armen pantserdrager op de onmeedoogendste en volhardendste wijze. Behalve door den mensch, wordt hij vervolgd door de groote soorten van Katten, door den Braziliaanschen Wolf en door den Jakhalsvos.

Zelden worden in Paraguay Tatoes in gevangenschap gehouden. Zij zijn te vervelend, en door hun neiging tot woelen ook te schadelijk om als huisgenooten van den mensch diens vriendschap te kunnen verwerven.

De Gordeldieren worden dikwijls naar Europa gebracht, en in eenige diergaarden bij de Apen geborgen. In de gevangenschap worden zij met Wormen, Insecten, Insectenlarven en rauw of gekookt vleesch gevoed. Het vleesch moet men echter voor hen in kleine stukjes snijden, omdat zij van groote stukken niets afbijten kunnen. Zij vatten de spijs aan met de lippen of met de tong, die zich sterk kan verlengen. Wanneer zij behoorlijk verzorgd worden, kunnen zij jaren lang blijven leven en in goeden welstand gehouden worden; gewillig of onwillig dienen zij als rijdieren en speelkameraden voor de Apen, laten zich alles welgevallen, geraken gewoon aan wandelingen over dag, en planten zich ook wel voort. Jongen, die in den Londenschen dierentuin ter wereld kwamen, waren bij de geboorte blind; aan hun nog zachte huid waren alle plooien en velden van het volwassen dier reeds zichtbaar.

Het nut van de Gordeldieren is niet onbelangrijk. De Indianen houden zeer veel van het vleesch van alle soorten dezer familie; slechts twee van deze [369]vallen bij de Europeanen in den smaak. Volgens KAPPLER verliest het vleesch de hieraan eigen muscusreuk, als het een nacht over in een oplossing van zout en citroensap blijft liggen. RENGGER verzekert, dat gebraden Gordeldieren-vleesch, met Spaansche peper en citroensap toebereid een van de smakelijkste gerechten van de Paraguayaansche keuken is. De Indianen van Paraguay maken van het pantser korfjes; de Botokoeden gebruiken het afgestroopte staartpantser als spreektrompet; vroeger maakte men van gedeelten van het pantser ook klankbodems voor gitaren.

*

Het nog weinig bekende Kogel-gordeldier (*Tolypeutes tricinctus*) wordt door de inboorlingen Apar of Matako, door de Spanjaarden Bolita genoemd. De eerste beschrijving van dezen vertegenwoordiger van een nieuw geslacht, werd gemaakt naar een opgezet exemplaar, dat door sommige onderzoekers gehouden werd voor een uit stukken van verschillende soorten samengesteld voorwerp. Reeds AZARA gaf echter van het bedoelde dier zulk een duidelijke beschrijving, dat zijn bestaan niet langer betwijfeld kon worden. Hij zegt, dat de Matako niet in Paraguay aangetroffen wordt, maar op 36° Z.B. en verder zuidwaarts voorkomt. "Sommigen noemen hem Bolita, omdat hij de eenige is van alle Tatoes, die, als hij bevreesd is, of gevaar loopt gevangen te worden, den kop, den staart en de vier pooten verbergt, door van het geheele lichaam een kogel te vormen, die men als een bal in alle richtingen kan rollen, zonder dat het dier zijn gewone houding herneemt. Men kan dezen kogel ook slechts met groote moeite ontrollen. De jagers dooden het dier door het met geweld tegen den grond te werpen."

Zijn lengte, gemeten van het puntje van den snuit tot aan de spits van den staart, bedraagt 45 cM.; de 7 cM. lange staart is van onderen aan de spits rond of kegelvormig, aan den wortel daarentegen in de breedte samengedrukt. De schubben zijn niet vlak zooals bij de overige soorten, maar gelijken meer op dikke korrels en treden ver naar buiten.

Kogel-gordeldier (*Tolypeutes tricinctus*). Volgens teekeningen van GÖRING. ¼ v.d. ware grootte.

ANTON GÖRING kreeg een levende Bolita, uit San Louis in westelijk Argentinië het eigenlijke vaderland van deze diersoort, of althans de streek, waar zij het veelvuldigst voorkomt. Daar leeft dit dier, juist zooals AZARA aangeeft, in het vrije veld; of het ook in eigen gegraven holen woont, kon GÖRING niet gewaar worden. De inboorlingen nemen het bij de vangst van andere Gordeldieren (die gelijk reeds gezegd werd, een lievelingsspijs van de Gaucho's zijn) bij gelegenheid mede. Omdat echter de Matako een aardig dier is, vindt hij gewoonlijk genade in hunne oogen; hij blijft gespaard, maar wordt gevangen gehouden. Hij dient n.l. als speelgoed voor de kinderen des huizes, die met hem werpen als met een bal, of hem langs een plank naar beneden laten rollen en zich vermaken met het geklepper, dat hij door zijn zonderlinge gang veroorzaakt. GÖRING werd dikwijls door zijne bezoekers aangezocht om zijn Bolita te laten zien. Hoewel deze nog niet lang gevangen was geweest, gaf hij reeds eenige bewijzen van vertrouwelijkheid, en nam zonder schroom het voedsel, dat men hem voorhield uit de hand. Hij at allerlei vruchten en bladen, vooral perziken, komkommers en salade; dit deed hij slechts, wanneer men hem deze zaken voorhield, maar toch meermalen op een dag, zoo vaak men hem wat gaf. Het voedsel moest voor hem, wegens zijn kleine mondopening, in smalle stukjes gesneden zijn, die hij vervolgens op een zeer nette wijze opnam. Hij sliep zoowel over dag als 's nachts. Hiertoe strekte hij de voorpooten recht voor zich uit, trok de achterpooten in, en ging liggen op deze en op den buik; de kop werd benedenwaarts gebogen en tusschen de voorpooten verborgen. De rug was in iedere houding sterk bovenwaarts gekromd; het dier was niet bij machte hem geheel te strekken. Hoewel het in het bijzijn van verscheidene personen volkomen rustig heen en weerliep, kromp het toch dadelijk ineen, zoodra men het aanraakte, [370]en deed dit, als men het drukte, zoo sterk, dat het bijna een volslagen bol werd. Als men het daarna met vrede liet, strekte het zich allengs weder uit, en zette zijn wandeling voort.

Het was een bijzonder aardig dier; elk zijner bewegingen was, hoe vreemdsoortig ook, toch werkelijk bevallig. De gang op de spitsen van de omstreeks 3 cM. lange, gekromde klauwen, was in de hoogste mate verrassend en wekte steeds de verwondering van alle toeschouwers. Als men het buiten liet loopen, trachtte het zoo schielijk mogelijk te ontvluchten; wanneer het echter ingehaald werd door een vervolger, b.v. door een Hond, dan rolde het zich tot een kogel samen. Als men deze kogel over den bodem voortrolde, bleef hij vast gesloten; zoodra echter de beweging ophield, ontrolde het dier zich en liep weg. De Honden toonden zich niet meer gebeten op den Bolita dan op alle overige Gordeldieren.

*

Het geslacht *Priodon*, dat boschrijke gewesten van Brazilië en Guyana bewoont, wordt vertegenwoordigd door het Reuzengordeldier (*Priodon gigas*). De Prins VON WIED, die dit dier niet te zien heeft kunnen krijgen, meent, dat het over het grootste deel van Brazilië en misschien zelfs over geheel Zuid-Amerika verbreid is. In de groote oerwouden vonden zijne jagers dikwijls holen of gangen van dit dier, vooral onder de wortels van oude boomen, en men kon zijn omvang uit de wijdte dezer woningen afleiden. De jagers onder de inboorlingen beweerden, dat het hierin een groot Zwijn evenaart, welke mededeeling niet in tegenspraak was met de wijdte der holen, en nog meer bevestigd werd door de staarten dezer dieren, welke de Prins aantrof bij de Botokoeden, die aan de oevers van den Rio Grande de Belmonte wonen. Deze wilden gebruiken als spreektrompet een voorwerp, dat zij "Tatoe-staart" noemen en dat 36 cM. lengte heeft bij 8 cM. middellijn aan het dikste uiteinde.

Uit latere onderzoekingen bleek, dat het Reuzen-gordeldier een lichaamslengte van 1 M. en meer bereikt, zonder den ongeveer half zoo langen staart; volgens KAPPLER kan het 45 KG. zwaar worden. Het voorhoofd en de schedel zijn met zeer onregelmatige beenplaten bedekt. Het schouderpantser bestaat uit tien gordelvormige reeksen van beenplaten, waartusschen dicht bij den achterrand van weerszijden nog een reeks doordringt; de beweeglijke gordels zijn ten getale van 12 of 13 voorhanden; het heuppantser bestaat uit 16 à 17 reeksen van schilden. Deze zijn vierkant of rechthoekig, ook wel vijf- of zeshoekig, die van de achterste reeksen van het heuppantser onregelmatig; de staart is met onregelmatige, vierhoekige beenplaten bedekt. Het merkwaardigste van het geheele dier is misschien zijn gebit. In elke bovenkaakshelft komen 22 à 24 tanden voor, waarvan er echter dikwijls verscheidene uitvallen; steeds echter bestaat dit gebit uit 90 à 100 tanden, of althans organen, die de tanden vervangen. In de voorste helft van elke reeks zijn het namelijk slechts dunne platen en eerst verder achterwaarts worden zij allengs dikker. Waarom het Reuzen-gordeldier dit kolossaal gebit bezit is nagenoeg onverklaarbaar, daar het zich, voor zoover men weet, door zijn voedingswijze volstrekt niet van de overige soorten onderscheidt.

*

Gordelmuis (*Chlamydophorus truncatus*). ½ v.d. ware grootte.

De Amerikaan HARLAN ontdekte in het jaar 1824 niet ver van Mendoza in westelijk Argentinië tot groote verbazing van de bewoners dezer gewesten, die met het bestaan van dit dier nagenoeg onbekend waren, een hoogst merkwaardig lid van de familie der Gordeldieren — de Gordelmuis (*Chlamydophorus truncatus*). Gedurende geruimen tijd waren er slechts twee exemplaren van bekend, die in de verzamelingen van Philadelphia en Londen bewaard werden en gelukkig op de zorgvuldigste wijze onderzocht konden worden. De Gordelmuis wordt terecht als vertegenwoordigster van een afzonderlijk geslacht beschouwd; zij onderscheidt zich echter van de overige, reeds genoemde Gordeldieren meer door haar pantser dan door haar inwendig maaksel.

De Schildmol of Gordelmuis is door het hoogst eigenaardige, bijna lederachtige hoornpantser, dat zijn lichaam bedekt, een der merkwaardigste leden van het geheele dierenrijk. Dit zonderlinge wezen is een dwerg in vergelijking met de andere Gordeldieren en overtreft de kleinste, bekende Zoogdieren slechts weinig in grootte. Door zijn vorm en meer nog door zijn levenswijze herinnert het sterk aan de Mollen. Zijn kop is kort, de achterste helft breed, de voorste toegespitst, en eindigt in een tamelijk korten, stompen snuit. De oogen zijn klein en liggen verborgen onder [371]de afhangende haren. De op korten afstand achter de oogen gelegen ooren hebben geen waarneembare oorschelp. In elke kaakhelft treft men acht kiezen aan van zeer eenvoudig maaksel; zij zijn rolvormig en, met uitzondering van de beide voorste in iedere kaak, die een weinig spits toeloopen, aan de kauwvlakte afgeplat. De pooten zijn kort, de voorste ledematen zeer krachtig, plomp en bijna op gelijke wijze als die der Mollen samengesteld; de achterste daarentegen veel smaller dan de voorste, met lange en smalle voeten voorzien. Alle teenen dragen middelmatig scherpe klauwen; die van de voorvoeten zijn zeer groot en stevig en vormen krachtige graafwerktuigen. De staart, die in een inham van het pantser, dat het achterste deel van het lichaam bedekt, vastgehecht is, maakt plotseling een benedenwaartsche kromming en is tusschen de achterpooten door, langs het onderlijf teruggebogen, zoodat hij geheel tegen den buik ligt.

De geheele bovenzijde van het lichaam wordt bedekt door een bijna lederachtig, uit hoorn bestaand schild-pantser, dat tamelijk dik is en minder buigzaam dan zoolleder, het begint op den kop, dicht bij de spits van den snuit, en strekt zich over den geheelen rug tot op het achterste deel van den romp uit, welks bovenvlakte hier rechthoekig benedenwaarts gebogen is, waardoor het dier er uitziet, alsof het afgeknot, verminkt werd. Dit pantser — dat meestal uit regelmatige dwarse gordels of reeksen van grootendeels rechthoekige, gedeeltelijk echter ruitvormige en ook wel onregelmatige, met knobbeltjes bezette schilden bestaat — is geenszins, zooals bij de overige Gordeldieren, overal stevig met de lichaamshuid verbonden, maar ligt er grootendeels slechts los over heen. Volgens een lijn, die over het midden van den rug loopt, is het door een vlies bevestigd aan de doornuitsteeksels van de wervelkolom; bovendien is het door middel van twee schilden aan de beide halfbolvormige uitsteeksels van het voorhoofdsbeen aangehecht; daarentegen wijkt het aan de zijden van den romp van de oppervlakte af en kan daar opgetild worden. Aan het voorste deel van den kop is het pantser echter stevig met het geraamte verbonden en ook aan het achterste deel van den romp, waar het een vlakke plaat vormt over het afgeknotte deel van 't lichaam. Hoewel de ruimten tusschen de gordels niet bijzonder groot zijn, laten zij toch een vrij groote buiging van den romp toe; zelfs is er reden voor het vermoeden, dat dit dier zijn lichaam tot een bal ineenrollen kan. Het volkomen onbeweeglijke, met den staart slechts door een vlies verbonden pantser van het achterdeel, dat een rechten hoek vormt met de as van lichaam en volkomen plat is, bestaat uit 5 of 6 half-kringvormige reeksen van deels rechthoekige, deels ruitvormige schildjes. Het geheele pantser is aan zijn bovenzijde zoowel als aan het niet met de huid verbonden deel van de onderzijde onbehaard en volkomen glad; alleen aan de onderranden bevinden zich talrijke, tamelijk lange, zijdeachtige haren. Daarentegen is de huid van het dier overal en zelfs onder de losse gedeelten van het pantser, tamelijk dicht met lange, fijne en zachte, bijna zijdeachtige haren begroeid, met uitzondering alleen van den staart, de zolen, de spits van den snuit en de kin, die volkomen naakt zijn. De lengte van het lichaam bedraagt 13 cM., zonder den 3.5 cM. langen staart; de schouderhoogte is 5 cM.

In de dierkundige werken wordt van de levenswijze van de Gordelmuis niet anders bericht, dan dat zij in zandige vlakten leeft en hier op soortgelijke wijze als onze Mol in Europa, lange gangen onder de oppervlakte van den grond graaft; met zorg vermijdt zij het verlaten van haar onderaardsch paleis en komt waarschijnlijk alleen bij toeval aan de oppervlakte van den bodem. Naar men zegt doorwoelt zij met groote snelheid den grond, zij loopt er doorheen evenals de Mol; aan de aardoppervlakte zijn hare bewegingen echter langzaam en plomp. Hoogstwaarschijnlijk maakt zij jacht op Insecten en Wormen, misschien behelpt zij zich soms ook met malsche wortels. Van haar voortplanting weet men alleen, dat zij niet snel geschiedt. De inboorlingen beweren, dat het wijfje hare jongen onder haar pantser verborgen medevoert.

Men ziet hoe gebrekkig deze mededeelingen zijn, terwijl sommige bovendien slechts op bloote vermoedens berustten. Des te aangenamer was het mij, van GÖRING nog iets over dit dier te vernemen: "De Schildmol leeft niet alleen in Mendoza maar ook in San Louis" (beide staten van de Argentijnsche Republiek, aan of bij de Chileensche grens). "De Spanjaarden noemen hem Bicho ciego, omdat zij meenen, dat hij geheel blind is; enkele geven hem echter den naam Juan calado ('Jan Kant'). Dit diertje bewoont zandige, droge, steenachtige gewesten, hoofdzakelijk zulke, die met doornplanten en cactussen begroeid zijn. Over dag houdt het zich steeds verborgen onder den grond; des nachts echter verschijnt het ook aan de oppervlakte, vooral bij maneschijn loopt het buiten zijn hol rond, het liefst onder struiken."

Men vangt dit dier niet anders dan bij toeval, vooral bij het graven van de besproeiingskanalen, die aangelegd moeten worden daar, waar men den bodem bebouwen wil. Eenige malen is het ook bij de vangst van andere Gordeldieren mede gevangen geworden. In den laatsten tijd heeft men zich, om aan de veelvuldige aanzoeken te voldoen, wat meer moeite gegeven om Schildmollen te vangen; dit kost echter, naar het schijnt, veel moeite, daar GÖRING, die zich 7 maanden lang in deze streken ophield, in weerwil van alle pogingen, die hij deed en de verlokkendste beloften, geen enkel levend of versch gedood exemplaar meester kon worden. Ook thans nog is de "Bicho ciego" een voorwerp van bewondering voor de inboorlingen. Zij laten ieder door hen gevangen exemplaar zoo lang leven, als het bij de gebrekkige zorg die zij er aan wijden, leven kan en bewaren het vervolgens als een groote merkwaardigheid, zoo goed hun dit mogelijk is. Over 't algemeen hebben de Zuid-Amerikanen de gewoonte om dieren, die hun merkwaardig voorkomen, in gevangenschap te houden, zonder er evenwel aan te denken ze ook goed te verzorgen. Daar deze menschen het prepareeren en opzetten van dieren niet kennen, vindt men de Schildmollen bij hen alleen in den toestand van mummiën.

De Schubdieren (*Manididae*) komen door lichaamsvorm en levenswijze met de Miereneters overeen, maar vormen toch een familie op zich zelf, die van de zooeven genoemde duidelijk onderscheiden is. Het lichaam van de Schubdieren is n.l. aan de bovenzijde bedekt met groote, plaatvormige hoornschubben, die elkander dakpansgewijs of liever als de schubben van een dennekegel bedekken. Deze bedekking, het voornaamste kenteeken der familie, is eenig in haar soort; want het pantser van de Gordeldieren en van de Gordelmuizen vertoont slechts een verwijderde overeenkomst met de bedoelde eigenaardige hoornvormingen, die wat haar vorm betreft, eerder met de schubben van een Visch of van een Kruipend Dier vergeleken [372]kunnen worden dan met eenig voortbrengsel van de huid van een Zoogdier.

Tot nauwkeuriger omschrijving van de Schubdieren moge het volgende dienen: De romp is gestrekt, de staart lang, de kop klein, de snuit kegelvormig toegespitst; de vóór- en achterpooten zijn kort, hunne voeten hebben vijf teenen, die met stevige, voor 't graven geschikte klauwen gewapend zijn. Slechts aan de keel, de onderzijde van den romp en de binnenzijde der pooten ontbreken de schubben, terwijl het geheele overige deel van het lichaam door het "schobbejak" omhuld is. Alle schubben zijn met de eene spits in de lichaamshuid vastgehecht; zij hebben een ruitvormige gedaante, zijn aan de randen zeer scherp en bovendien buitengewoon hard en vast. Door deze inrichting kan het lichaam tamelijk goed in alle richtingen bewogen worden; de schubben zelf kunnen trouwens even goed zijdelings heen en weer geschoven, als opgericht en tegen het lichaam aan gelegd worden.

Tusschen de schubben in en op de ongeschubde lichaamsdeelen staan dunne haren, die echter soms aan de buikzijde volkomen wegslijten. De snuit is ongeschubd, maar met een stevige, hoornachtige huid bedekt. De kaken zijn volkomen tandeloos. Een eigenaardige, breede spier, die evenals bij den Egel onder de huid gelegen is, dient voor het ineenrollen of in een bol veranderen van het lichaam. De tong is tamelijk lang en vooruitsteekbaar; buitengewoon groote speekselklieren leveren haar het noodige slijm om het voedsel, dat uit Insecten, waarschijnlijk vooral uit Mieren en Termieten, bestaat, er aan te doen kleven.

Een groot deel van Afrika en geheel Zuid-Azië alsmede eenige naburige eilanden vormen het vaderland van deze vreemdsoortige dieren; zij houden zich op in steppen en boschstreken, in de gebergten zoowel als in de vlakten. Waarschijnlijk bewonen zij alle holen, die door hen zelf gegraven zijn en leven hierin eenzaam en ongezellig. Evenals hunne verwanten verbergen zij zich over dag, en bewegen zich 's nachts. Aan gevangen Schubdieren heeft men opgemerkt, dat zij over dag slapen en dan ineengerold zijn, zoodat de kop onder den staart verborgen is. Als de schemering aanvangt, ontwaken zij en zwerven daarna rond om voedsel te zoeken.

De Schubdieren maken bij het gaan hoofdzakelijk gebruik van de achterste ledematen, die met de geheele zool op den grond rusten, richten het sterk gekromde lichaam naar voren, buigen den kop ter aarde en laten de voorpooten hangen, zoodat de klauwen bijna den bodem raken. Soms wordt ook de staart tegen den grond gedrukt tot ondersteuning van het lichaam gedurende het gaan; het dier kan zijn evenwicht echter ook behouden, wanneer het den staart recht uitgestrekt of met de spits naar boven gekromd draagt.

Hunne bewegingen zijn volstrekt niet zoo langzaam en traag, als vroeger beweerd werd. Van een in Liberia waargenomen soort (*Manis gigantea*) zegt BÜTTIKOFER: "Dit dier loopt, in tegenstelling met hetgeen de boeken er van vermelden, zeer snel, zoodat een man het bijna niet zou kunnen inhalen en richt zich, terwijl het vlucht, soms op de achterpooten en den staart op, om achterwaarts te zien; het laat dan de voorpooten hangen." Bovendien bevestigt onze zegsman het feit, dat twee Afrikaansche soorten eveneens goede loopers zijn en bovendien behendig in de boomen kunnen klimmen; van de laatstbedoelde zegt hij: "Deze dieren worden tam en kunnen langen tijd in huis gehouden worden, waar men ze vrij laat rondloopen, omdat zij ijverig jacht maken op Mieren, Kakkerlakken en andere lastige Insecten. Zij zijn zeer behendig en beklimmen in een ommezien de daken der huizen en de stammen der boomen."

Als zij behoorlijk verzorgd worden, verdragen de Schubdieren geruimen tijd het leven in de gevangenschap. Ook raken zij tamelijk spoedig gewoon aan melk, brood, ja zelfs aan graankorrels, hoewel Insecten steeds hun liefste voedsel blijven uitmaken. Het vleesch van de Schubdieren wordt door de inboorlingen gegeten en als smakelijk geroemd; het pantser dient bij sommige volksstammen tot het opsieren van verschillende gereedschappen.

Het Langstaartige Schubdier (*Manis longicaudata*) heeft een totale lengte van 1 à 1.3 M., waarvan bijna twee derden op den staart komen. Bij jongere dieren is de staart voluit het dubbele van het overige lichaam; naarmate het dier ouder wordt, wijzigt zich deze verhouding eenigszins. De schubben bedekken, met uitzondering van het onderste deel van de buitenzijde der voorpooten, de geheele boven- en buitenzijde van den romp en van den staart, van dezen ook nog de onderzijde; de niet geschubde lichaamsdeelen zijn met stijve borstels begroeid. Het aangezicht en de keel schijnen bijna geheel kaal. De buitengewoon stevige en aan de randen scherpe schubben zijn op het midden van den rug het grootst. De algemeene kleur van het dier is zwartachtig bruin met een roodachtige tint; iedere schub afzonderlijk is aan den voet zwartbruin en langs de randen geelachtig gezoomd. De borstelige haren zijn zwart. Het vaderland van dit dier is West-Afrika.

Het eerste uitvoerige bericht over de levenswijze van dit Schubdier danken wij aan DESMARCHAIS: "In Guinea vindt men in de wouden een viervoetig dier, dat de Negers Quoggelo noemen. Het is van den hals tot aan de spits van den staart met schubben bedekt, die bijna den vorm hebben van de bladen van artisjokken, maar een weinig spitser toeloopen. Overal dicht opeengedrongen, zijn zij dik en stevig genoeg om het dier te beschutten tegen de klauwen en tanden van andere dieren, die het aanvallen. De Luipaarden vervolgen het onophoudelijk en bereiken het zonder moeite, daar het op lange na niet zoo snel loopt als zij. Het vlucht, maar wordt spoedig ingehaald. Zoomin met de klauwen als met den bek, kan het zich tegen de vreeselijke tanden en klauwen van de Roofdieren verweren. Daarom rolt het zich ineen en slaat den staart onder den buik, zoodat de spitsen van de schubben allerwege naar buiten gekeerd zijn. De groote Katten rollen het zacht met de klauwen heen en weer, steken zich echter zoodra zij het steviger aangrijpen en zien zich genoodzaakt het met vrede te laten. De Negers slaan het met stokken dood, trekken het de huid af, die zij aan de blanken verkoopen, en eten zijn vleesch. In zijn snuit, die men met een eendensnavel zou kunnen vergelijken, ligt een zeer lange, kleverige tong, die het in de gaten der mierenhoopen steekt of op hun weg legt; de Mieren, door den reuk aangelokt, begeven zich dadelijk op deze tong en blijven er aan hangen. Bemerkt het dier, dat zijn tong met Insecten bedekt is, dan trekt het haar in den bek terug en houdt zijn maal."

De Pangolin (*Manis pentadactyla*) heeft een korten staart en een volledig pantser op de buitenzijde van de voorpooten. Dit dier bewoont Vóór-Indië en Ceylon, bij voorkeur heuvelachtige gewesten; het komt [373]echter nergens talrijk voor. Reeds AELIANUS bericht, dat er in Indië een dier voorkomt, dat er als een Landkrokodil uitziet.

Van de overige Schubdieren, met uitzondering van het Steppenschubdier, onderscheidt de Pangolin zich door zijn grootte en bovendien, doordat zijne schubben, die op 11 à 13 reeksen geplaatst zijn, op den rug en den staart zeer breed en nergens gekield zijn. Een volwassen mannetje kan wel 1.3 M. lang worden; hiervan komt ongeveer de helft op den staart.

Steppen-schubdier (*Manis Temminckii*). ⅕ v.d. ware grootte.

Ook van deze soort is de levenswijze ons slechts zeer onvolledig bekend. Het dier graaft gangen, die over een afstand van 2 à 4 M. schuins naar beneden gericht zijn en in een groote kamer uitkomen. Hier leven de Schubdieren paarsgewijs; waarschijnlijk van Januari tot Maart vindt men 1 of 2 jongen bij hen. Als zij in het hol zijn, verstoppen zij gewoonlijk den ingang zoo goed met aarde, dat deze niet gemakkelijk gevonden zou worden, zonder het eigenaardig spoor, dat er om heen leidt. BURT verhaalt, dat de Pangolin niets anders dan Mieren eet en er zeer vele verdelgt, maar dat hij ook 2 maanden achtereen zonder voedsel in 't leven kan blijven, dat hij 's nachts rondzwerft en in de gevangenschap zeer onrustig is, zich tamelijk snel kan bewegen en, als men hem aanvat, zich bedaard bij den staart laat opnemen, zonder de minste poging te doen om zich tegen zijn vijand te verweren, enz. De Chineezen vervaardigen pantsers uit zijn huid.

Het Javaansche Schubdier (*Manis javanica*) bewoont op Java, Sumatra en Borneo bosschen, liefst in bergachtige streken. Het klimt in de boomen en vindt een schuilplaats in boomspleten of tusschen bovenaardsche boomwortels, vooral van *Ficus*-soorten, minder dikwijls in rotsholen. Het maakt jacht op Mieren en Termieten, welker nesten het opengraaft, voorts op andere Insecten, Wormen, enz. Zijn vleesch wordt vrij algemeen door de inlanders gegeten en van zijne schubben worden soms ringen vervaardigd, die als amuletten tegen allerlei kwalen gebruikt worden. "Meermalen," schrijft HASZKAEL, "heb ik op Java Schubdieren gekocht, maar ze nooit lang behouden, daar ik ze, bij gebrek aan een betere bergplaats, in navolging van de inboorlingen, met een touw, dat aan een vooraf doorboorde schub was vastgemaakt, aan een boom moest binden. Zij klommen zeer snel en behendig in den boom; ook op den grond bewegen zij zich vermoedelijk vrij goed: ik kon mijne gevangenen, als zij, hun doorboorde schub in den steek latend, ontvluchtten, nooit weder krijgen."

Een betrekkelijk korte, breede, eerst bij de spits dunner wordende en daar plotseling stomp afgeronde staart komt voorbij het Steppenschubdier (*Manis Temminckii*), de Aboe-Khirfa ("Schors-vader") van de nomaden van Kordofan. Wat grootte en vorm betreft komt het nog het meest met den Pangolin overeen. De kop is kort en dik, de romp breed, de staart ongeveer zoo lang als het overige lichaam. Eivormige schubben bedekken den kop; zeer groote, aan den wortel fijn overlangs gegroefde, aan de spits gladde schubben vormen aan de rugzijde van den romp 11 à 13, op het voorste deel van den staart 5 en bij de spits 4 reeksen. Volwassen mannetjes bereiken een lengte van ongeveer 80 cM., met inbegrip van den ongeveer 30 cM. langen staart. Het Steppen-schubdier bewoont voornamelijk Oost- en Zuid-Afrika, maar wordt ook in West-Afrika, gevonden; het vindt in de aan Termieten zoo rijke steppen een overvloed van voedsel en de gewenschte eenzaamheid. Het graaft en bewoont gaten in den grond, welke nooit zoo diep zijn als die van het Aardvarken en waaruit het eerst na het begin van de schemering te voorschijn komt. Het is zoomin behendig als vlug en niet in staat zich tegen vijanden te verdedigen. Mieren, Termieten, Sprinkhanen, Kevers, misschien ook Wormen maken zijn voedsel uit.

Ik zag een van deze merkwaardige wezens levend bij een koopman in Khartoem, die het met melk en wittebrood voedde. Het was, evenals de overige leden van zijn geslacht, volkomen onschadelijk; men kon met hem doen, wat men wilde. Over dag lag het ineengerold in den een of anderen hoek, 's nachts kwam het te voorschijn;

het at met de tong, die het telkens in de melk dompelde en waaraan de wittebroodkruimels zich hechtten.

[374]

In de laatste familie vereenigen wij de Aardvarkens (*Orycteropodidae*), plompe dieren, met dikken, loggen romp, die met een ijl, borstelig haarkleed bedekt is, met dunnen hals, langen, slanken kop met rolvormigen snuit, middelmatig langen, kegelvormigen staart en korte, betrekkelijk dunne pooten, waarvan de voorste vier, de achterste vijf teenen hebben, die met zeer stevige, bijna rechte en platte, aan de randen scherpe, hoefachtige nagels voorzien zijn. De bek is tamelijk groot, de oogen staan ver naar achteren, de ooren zijn lang. Bij het jonge dier bevat elke bovenkaakshelft 8, elke onderkaakshelft 6 kiezen; bij oude dieren daarentegen is het aantal kiezen in elke reeks verminderd tot 5 boven en 4 onder; deze kiezen zijn rolvormig, wortelloos, uit tallooze fijne buisjes samengesteld, die op de kauwvlakte gesloten, aan het tegenovergestelde uiteinde echter open zijn.

Het Kaapsche Aardvarken (*Orycteropus capensis*) bereikt een lengte van ongeveer 2 M., met inbegrip van den ongeveer 85 cM. langen staart, en een gewicht van 50 à 60 KG. De huid is zeer dik, met glad neerliggende en tamelijk wijd uiteenstaande, borstelachtige haren bekleed; het haar van de bovenzijde van 't lichaam is iets korter dan dat van de onderzijde, waar het, vooral aan den oorsprong der teenen, bosjes vormt. De kleur is zeer gelijkmatig: de rug en de zijden zijn geelachtig bruin met een roodachtig waas, de onderzijde en de kop licht roodachtig geel, het achterdeel, de staartwortel en de ledematen bruin. Pas geboren jongen zijn vleeschkleurig.

De Hollandsche Boeren in Zuid-Afrika hebben dit dier "Aardvarken" genoemd, omdat zijn vleesch in smaak overeenkomt met dat van het Wilde Zwijn; reeds sinds lang maken zij er ijverig jacht op; zij hebben het hierdoor goed leeren kennen.

Het Aardvarken komt voor in Zuid- en Midden-Afrika, van de oostkust tot aan de westkust; evenals de Gordeldieren bewoont het bij voorkeur het vlakke land, woestijnachtige gewesten en steppen, waar Mieren en Termieten talrijk zijn. Het is een eenzaam levend dier; hoewel men het soms in gezelschap van zijne soortgenooten aantreft, heeft het met deze geen omgang; over dag slaapt het in groote, zelf gegraven holen, des nachts zwerft het rond.

Het heeft een ongeloofelijke bekwaamheid in 't graven. Weinige oogenblikken heeft het maar noodig om zich geheel in den grond te verbergen, hoe hard de bodem ook moge zijn. Als het bij een Mieren- of Termieten-woning komt, besnuffelt het deze eerst zorgvuldig aan alle zijden, en tijgt dan aan den arbeid: het wroet in den grond, totdat het de belangrijkste afdeeling van het nest of althans een hoofdverkeersweg van de Insecten bereikt heeft. In zulke hoofdgangen nu steekt het Aardvarken herhaaldelijk zijn lange, kleverige tong, wacht totdat deze geheel met Insecten bedekt is, trekt haar dan in den bek terug, en herhaalt deze beweging zoolang, totdat het volkomen verzadigd is. Zoo wordt het eene nest na het andere geplunderd, en onder de alles vernielende Termieten een groote slachting anngericht. Geen dier is in staat het Aardvarken in zijn hol te vervolgen, daar het de uitgegraven aarde met zooveel kracht achteruitwerpt, dat de aanvaller zich verschrikt terugtrekt. Zelfs voor den mensch is het moeilijk hem op te delven, en ieder jager, die dit beproeft, wordt na weinige minuten volkomen met aarde bedekt.

Het Aardvarken is buitengewoon voorzichtig en schuw, en begraaft zich ook 's nachts bij het geringste gedruisch onmiddellijk in den grond. Door zijn groote lichaamskracht is het trouwens in staat aan velerlei gevaren het hoofd te bieden. De jager, wien het gelukt een Aardvarken te overrompelen en vast te houden, is hierdoor nog volstrekt niet zeker van den gewenschten buit. Evenals het Gordeldier drukt het zich, zelfs wanneer het slechts halverwege in zijn hol doorgedrongen is met al zijn kracht tegen de wanden, houdt zich met de scherpe klauwen er stevig aan vast, kromt den rug en drukt hem met zooveel geweld naar boven, dat het nagenoeg onmogelijk is, ook maar een enkelen poot los te rukken en het dier uit den grond te trekken. Zelfs voor de vereenigde krachten van verscheidene mannen is dit werk zwaar genoeg.

Nauwkeurige berichten over de voortplanting ontbreken tot dusver.

In de laatste tientallen jaren is het Aardvarken herhaaldelijk naar Europa gebracht; men heeft het hier bij behoorlijke verzorging meer dan een jaar lang in 't leven kunnen houden. Het wordt gevoederd met fijn gehakt vleesch, rauwe eieren, mierenpoppen en meelbrij, waardoor echter het voedsel dat het in de vrije natuur gebruikt, slechts op een zeer onvoldoende wijze wordt vervangen.

Alleen in gewesten, die dikwijls door karavanen worden bezocht, wordt het Aardvarken den mensch schadelijk door zijn graven; overigens veroorzaakt het eerder nut dan schade. Het vleesch gelijkt op dat van 't Zwijn en wordt soms uitmuntend, soms taai en kwalijk riekend genoemd; de dikke, stevige huid wordt tot leder verwerkt. [375]

Aardvarken (*Orycteropus capensis*).

[376]

Negende Orde.

De Slurfdieren (Proboscidea).

Als een uitstervend geslacht, als de laatste afstammelingen van een voormaals talrijkere Zoogdieren-groep, treden de slurfdieren voor ons. Zij maken den indruk van levende getuigen uit vroegere tijdperken van de ontwikkelingsgeschiedenis der dierenwereld, van wezens uit den vóórtijd, die aan het lot, dat hunne stamgenooten getroffen heeft, ontkomen zijn, en tot den tegenwoordigen tijd gespaard bleven.

Van de tot deze orde behoorende diervormen, die onze planeet bewoond hebben, leven thans nog slechts de vertegenwoordigers van één familie; twee of misschien drie soorten; zij maken de laatste leden uit van een reeks, die den tegenwoordigen tijd op een duidelijk zichtbare wijze met de voorwereld verbindt: want tot hun familie moet men de reusachtige dieren rekenen, welker goed geconserveerde lijken het ijs van Siberië gedurende duizenden van jaren voor ons bewaard heeft. Om van de beteekenis dezer diergroep een juist denkbeeld te krijgen, is het noodig ook op de uitgestorvene soorten de aandacht te vestigen. NEUMAYR zegt van hen het volgende: "Over 't algemeen onderscheidden zich de Zoogdieren, die gedurende het diluviale tijdvak Europa bewoonden, door hun krachtige ontwikkeling: er zijn zoovele groote vormen bij, dat met het oog op deze, de hedendaagsche Europeesche Zoogdieren-fauna zich als een jammerlijk ontaard overblijfsel van vroegeren bloei aan ons voordoet. Het meest loopt dit in 't oog, als wij letten op de groote planteneters van dien tijd; in de eerste plaats blijkt dan de sterke verbreiding van drie kolossale soorten van Slurfdieren, die alle grooter waren dan de hedendaagsche Indische en Afrikaansche soort. Twee van deze, n.l. *Elephas meridionalis* en *Elephas antiquus* — misschien de grootste landbouwers onder de Zoogdieren, die ooit bestaan hebben — lieten hoofdzakelijk in Zuid-Europa sporen van hun aanwezigheid achter; hun verbreidingsgebied reikte tot in Engeland; reeds in Noord-Duitschland echter waren zij zeer zeldzaam. Beide zijn vooral veelvuldig geweest in de oudste diluviale periode (in het tijdvak, dat aan den ijstijd onmiddellijk voorafgaat) daarna verdwijnt *Elephas meridionalis*, terwijl overblijfselen van *Elephas antiquus* nog voorkomen in de aardlagen, die zich afgezet hebben in het interglaciale tijdperk (tusschen den eersten en den tweeden ijstijd).

"Geheel anders was het gesteld met de derde soort, met den Mammoet (*Elephas primigenius*), wiens overblijfselen in het tijdvak dat aan den ijstijd voorafgaat, slechts zelden gevonden worden, maar in de diluviale gronden uit latere tijdperken buitengewoon veelvuldig zijn; tallooze kudden van deze dieren bevolkten destijds Europa en het noorden van Azië. Geen fossielen hebben zoo sterk de aandacht getrokken als die van den Mammoet, wiens beenderen en tanden op sommige plaatsen in menigte voorhanden zijn. In vroegeren tijd hield men ze voor de beenderen van Sint CHRISTOPHORUS of van een anderen heilige, wien men om de een of andere reden een bijzondere grootte meende te moeten toeschrijven; vele van zulke overblijfselen werden daarom in kerken als reliquieën bewaard. Anderen hielden ze voor de beenderen van de reuzen GOG en MAGOG, die in den bijbel worden genoemd, of van andere minder beroemde reuzen. Door hen, die met de klassieke oudheid meer bekend waren, werden zij aan den Germaanschen koning TEUTOBOD toegeschreven. Toen men er eindelijk toe overging, deze beenderen en tanden nauwkeuriger te bekijken, en de overeenkomst opmerkte, die zij met Olifantstanden hebben, meende men, dat zij afkomstig waren van de voor den krijg afgerichte Olifanten, die HANNIBAL op zijn vermetelen tocht uit Spanje door het zuiden van Frankrijk en over de Alpen medenam, en die, zooals bekend is, alle op één na onderweg ten gevolge van de vermoeienissen der reis bezweken.

"Later kwam men tot de overtuiging, dat de Mammoet werkelijk tot voor betrekkelijk korten tijd in Europa geleefd heeft en het lag voor de hand hieruit af te leiden, dat het klimaat van Europa in dien tijd warmer was. Door nog latere ervaringen werd deze meening echter niet bevestigd: in het zuiden van Europa ontbreekt de Mammoet, terwijl hij in het midden en in het noorden van dit werelddeel gevonden wordt. Hoe veelvuldig hij hier echter op sommige plaatsen is, nog overvloediger komt hij voor in Siberië, vooral in het noorden van dit land, waar sommige diluviale lagen geheel gevuld zijn met zijne overblijfselen. Waarschijnlijk is geen omstandigheid beter geschikt om dit in 't licht te stellen dan het feit, dat ongeveer het derde gedeelte van al het ivoor, dat in den handel komt van de diluviale Mammoeten van Siberië afkomstig is. Volgens MIDDEN-DORF zijn sedert 200 jaren ieder jaar meer dan 100 paar slagtanden van Mammoeten uit Siberië op de markt gekomen. Zelfs op de zoo moeilijk bereikbare Nieuw-Siberische eilanden, die ten noorden van het Aziatisch vasteland tusschen 73 en 76° N.B. in de IJszee gelegen zijn, is het fossiele ivoor in zulk een groote hoeveelheid aanwezig, dat de ivoorverzamelaars herhaaldelijk [377]den gevaarlijken sledetocht over de bevroren zee wagen om deze schatten te lichten.

"Het is zeer zeker een merkwaardig feit, dat het ivoor gedurende zulk een langen tijd zoo weinig verandering heeft ondergaan, dat het nu nog technisch bruikbaar is; nog veel wonderbaarlijker echter is de ontdekking van volledige exemplaren met huid en haar, met vleesch en ingewanden, in den bevroren bodem van Siberië. Deze lijken waren nog zoo frisch, dat het vleesch steeds door IJsberen, Wolven, Vossen en Honden verslonden was, voordat een expeditie deze afgelegen gewesten kon bereiken om het gevonden materiaal ten behoeve van de wetenschap in bezit te nemen.

"Men kan zich nog geen volkomen duidelijke voorstelling vormen van de wijze, waarop deze bevroren grond ontstond; daarom weet men ook niet, hoe de Mammoeten er in bedolven zijn geraakt. Voor sommige gevallen geldt de verklaring, dat de Olifanten, Neushoorndieren enz. toevalligerwijze weggezonken zijn in moerasgrond, die later bevroren en sedert den ijstijd niet weder ontdooid is. In andere gewesten hebben, naar het schijnt, andere oorzaken tot soortgelijke gevolgen aanleiding gegeven; zoo ziet men b.v. aan de Eschscholtz-bocht in het noordwestelijkste deel van Noord-Amerika een tamelijk zuivere afzetting van waterijs (geen gletscherijs) uit het diluviale tijdperk, waarin oude strandlijnen ingesneden zijn en deze ijsmassa wordt bedekt door een laag klei met overblijfselen van groote Zoogdieren.

"Hoe dit ook zij, zeker is het, dat van tijd tot tijd volledige Mammoet-lijken door den dooi blootgelegd worden; de inboorlingen meenen, dat dergelijke dieren ook nu nog in den grond leven en dezen doorwoelen, en dat zij, gedurende dezen arbeid bij vergissing aan de lucht komend, onmiddellijk sterven en daarom in volkomen verschen toestand gevonden worden. De eerste gebeurtenis van dezen aard, die bekend geworden is, had plaats aan den mond van de Lena; hier bemerkte een Toengoese, dat een Olifant in een tijdperk van twee jaren langzamerhand uit zijn ijshulsel te voorschijn kwam; in 1799 werd deze ontdekking gedaan, maar eerst zeven jaren later kwam zij den natuuronderzoeker ADAMS ter oore, die toen een reis door Siberië deed en de bedoelde plaats bezocht. Ongelukkig was het dier reeds grootendeels verslonden; één oor, één oog, een stuk van de huid en vele pezen en banden waren behalve het skelet nog aanwezig. Toen reeds werd het hoogst merkwaardige feit ontdekt, dat de Mammoet over het geheele lichaam met een dichte, roodbruine, wollige vacht bekleed was en aan den hals lange manen had." De manen in den nek reikten bijna tot op de knieën; ook op den kop groeiden zachte haren van één Meter lengte. Boven het dichte wolhaar, dat den geheelen romp bedekte, verhieven zich borstels van 25 cM. lengte. De overblijfselen van dit dier werden voor een som van 8000 roebels aan het museum te Petersburg verkocht, waar het skelet met de daaraan nog aanwezige pezen is opgesteld.

"Sedert dien tijd zijn herhaaldelijk dergelijke in den grond vastgevroren dieren gevonden; nooit is het echter gelukt er één in zijn geheel voor bederf te bewaren. Een onder de leiding van F. SCHMIDT uitgezonden expeditie kon tegen het einde van het tijdperk 1860— 1870 weder eenige deelen van een Mammoet redden; bovendien verzamelde men eenige nog met de huid bedekte lichaamsdeelen van Neushoorndieren. Vooral een door SCHRENK ontdekte kop van *Rhinoceros Merckii* is goed bewaard gebleven en levert het bewijs, dat de huid met een rood gevlekte vacht bekleed was.

"Over het algemeen is de Mammoet nauw verwant aan den Indischen Olifant; hij onderscheidt zich echter van dezen, behalve door zijn grootte en beharing door de veel talrijkere en smallere emailplaten van de kiezen en door de reusachtige, zeer sterk naar boven en buiten gekromde stoottanden." Deze zijn soms ruim 4 M. lang en 125 K.G. zwaar.

"Zooals reeds gezegd werd, meende men aanvankelijk, dat de Mammoet in een heet klimaat geleefd zou hebben, omdat hij nauw verwant is aan den Olifant. Toen men hem echter in zoo grooten getale in Siberië aantrof en de daar in het ijs bedolven exemplaren ontdekte, zocht men den volgenden uitweg: men nam aan, dat door geweldige, van 't zuiden naar 't noorden zich uitstrekkende watervloeden, misschien wel door den zondvloed van NOACH, tallooze overblijfselen van tropische dieren naar de Noordpool-gewesten gespoeld zouden zijn. Weldra echter zag men de onmogelijkheid van dit vermoeden in en nam zijn toevlucht tot de even onjuiste veronderstelling van een zeer plotseling ingetreden omkeering van het klimaat. Zoomin voor de eene als voor de andere meening is eenige grond aan te voeren. De Mammoet was door zijn dichte vacht tegen de koude beschut; dat hij ook werkelijk in koude gewesten leefde, blijkt uit de overblijfselen van voedsel, die men in de maag en tusschen de tanden van den Mammoet (en den Rhinoceros) gevonden heeft; daar deze hoofdzakelijk bestaan uit twijgen en spruiten van naaldboomen gelijk aan die, welke thans nog in Siberië groeien. *Elephas primigenius* is dus de Olifant van de noordelijke gewesten, die zijn hoofdzetel had in Siberië en Noord-Europa; in Midden-Europa ontmoette hij den zuidelijken vorm *Elephas meridionalis* en ook den *Elephas antiquus*, die zeer veel overeenkomst had met den Afrikaanschen Olifant.

"Behalve de drie genoemde, over een groot gebied verbreide soorten komen in Europa nog overblijfselen voor van eenige andere vertegenwoordigers van hetzelfde geslacht, die, hoewel zij een kleiner gebied bewoonden, toch van groot belang zijn. In de eerste plaats moet de echte Afrikaansche Olifant genoemd worden, waarvan in de beenderenholen van Sicilië en in Spanje in de omstreken van Madrid fossielen gevonden zijn, welk feit van belang is als steun voor de stelling, dat Europa vroeger op verschillende plaatsen met Afrika verbonden was. Het opmerkelijkst echter zijn de zeer talrijke overblijfselen van een zeer nauw aan den Afrikaanschen Olifant verwanten vorm, die men op het eiland Malta gevonden heeft. Alle zooeven bedoelde fossiele soorten zijn echter aanmerkelijk kleiner dan de hedendaagsche: de grootste (*Elephas mnaidriensis*) bereikt gemiddeld geen grootere hoogte dan 2 M., *Elephas melitensis* is zelfs aanmerkelijk kleiner en *Elephas Folconeri* is een zeer kleine dwergvorm, welks grootste exemplaren nog geen Meter hoog waren en dus niet grooter waren dan een kalf. Uit de aanwezigheid van groote Zoogdieren op Malta blijkt in allen gevalle, dat dit tamelijk kleine en schaars met planten begroeide eiland eens deel uitmaakte van een groot vasteland. Van het ontstaan van een Dwergolifant, waarnevens nog een Dwerg-nijlpaard voorkomt, geeft men de volgende (niet onmogelijke) verklaring: Toen Malta een eiland werd en de plantenwereld daar niet meer voldoende was voor het voeden van groote soorten, verkregen de de Olifanten en Nijlpaarden hier kleinere afmetingen."

"Voor het verdwijnen van de groote diluviale Zoogdieren [378]heeft men ondanks alle hiervoor in 't werk gestelde pogingen, nog geen verklaring kunnen vinden."

Onze Olifanten (*Elephas*)—de eenige thans nog levende vertegenwoordigers van de gelijknamige familie (*Elephantidae*)—zijn gekenmerkt door de lange beweeglijke slurf en door het gebit, vooral door de slagtanden, die als sterk ontwikkelde snijtanden beschouwd worden. De romp is kort en dik, de hals zeer kort, de kop rond en door de aanwezigheid van holten in de bovenste schedelbeenderen gezwollen; de tamelijk hooge, zuilvormige pooten hebben vijf met elkander verbonden teenen en vlakke hoornachtige zolen.

Het merkwaardigste lichaamsdeel van den Olifant is de slurf, een verlengde neus, die zich door lenigheid, gevoeligheid en bovenal door een vingervormig uitsteeksel aan zijn uiteinde onderscheidt. Zij dient zoowel voor 't ruiken, als voor het tasten en het grijpen. De ringvormige en overlangsche spieren die haar samenstellen, bestaan volgens CUVIER uit ongeveer 40000 afzonderlijke bundels en stellen haar in staat zich in alle richtingen te wenden, zich te verkorten en te verlengen. De ontbrekende bovenlip wordt vervangen door de slurf. Zonder dit orgaan zou de Olifant niet kunnen leven.

Alle overige lichaamsdeelen en zelfs de zintuigen van den Olifant zijn minder opmerkelijk. De oogen zijn klein en hebben een onnoozele, maar goedaardige uitdrukking, de oorschelpen daarentegen zijn zeer groot en gelijken op lappen leder. De voor- en achtervoeten zijn zeer kort. De teenen zijn zoo innig omgeven door een gemeenschappelijke huid, dat zij zich niet ten opzichte van elkander kunnen bewegen. Zij zijn voorzien van hoeven, die wel is waar klein zijn, daar zij slechts de spits van den teen omhullen, maar tevens stevig, breed en plat. Boven de met een dikke huid bedekte, min of meer cirkelvormige zool van elken poot, aan welker voorrand de hoeven zichtbaar zijn en op welker achterrand de voetwortel rust, bevindt zich een kraakbeenige plaat, een vetkussen en eindelijk de sterk bovenwaarts gewelfde, korte middelvoet (of middelhand). De zachte stap van de op zuilen gelijkende pooten, die zulk een kolossaal lichaam dragen, is een gevolg van deze eigenaardige samenstelling van den voet.

Zeer merkwaardig is het gebit. In de bovenkaak draagt de Olifant twee buitengewoon sterk ontwikkelde slagtanden; overigens heeft hij geen snijtanden, ook geen hoektanden en gewoonlijk slechts ÉÉN kolossale kies in elke kaakhelft. Deze kies bestaat uit een vrij groot aantal (3 à 27) dwars gerichte platen, ieder bestaande uit tandbeen, omgeven door een laag email, die zich op de door afslijting gevormde, platte, kauwvlakte voordoet als een richel met eenigszins geplooiden rand, die zeer langwerpig elliptisch is (Mammoet en Indische Olifant) of ruitvormig (Afrikaansche Olifant). Deze "dwarsjukken" worden vereenigd door het daartusschen liggend cement, dat ook de zijvlakken van de geheele kies bedekt. Als de kies door het kauwen zoover afgesleten is, dat zij haar dienst niet meer voldoende kan verrichten, vormt zich achter haar een nieuwe kies, die, langzamerhand aangroeiend, verder naar voren dringt en geruimen tijd vóór het uitvallen van het laatste overblijfsel van de vorige kies dienst begint te doen. Men heeft waargenomen, dat deze tandwisseling zes malen achtereenvolgens plaats heeft, zoodat alles bijeengenomen elke kaakhelft zes kiezen bezit, die de eene na de andere in gebruik genomen worden, zoodat er nooit meer dan twee tegelijk in functie zijn. De drie eerstverschijnende kiezen van elk zestal worden gerekend tot het melkgebit te behooren. Bij den Indischen Olifant komt de eerste melkkies in de derde levensmaand voor den dag, vertoont 3 dwarsjukken en valt in het tweede levensjaar uit. De tweede melkkies heeft 8 dwarsjukken en valt in het vijfde of zesde jaar uit, de derde met 12 dwarsjukken in het negende jaar. Van de eerste ware kies, die dan natuurlijk al reeds sedert eenigen tijd in functie is met een deel van hare dwarsjukken, zijn deze in het 15e jaar in vollen getale (12 à 14) aan de kauwvlakte zichtbaar; zij valt uit, als het dier 20 à 25 jaar oud is. Op nog lateren leeftijd vertoonen zich achtereenvolgens de tweede en de derde ware kies; gene heeft 16 à 18, deze 24 à 27 dwarsjukken. Het aantal wortels van de kies staat in verband met het aantal dwarsjukken. Bij jonge tanden zijn de wortels kort en met een wijde opening voorzien; later ontwikkelen zich vooral aan de achterste helft van de kies tamelijk lange, met cement bedekte wortels, die gedeeltelijk met elkander vergroeien. De slagtanden hebben voortdurend open wortels en groeien dus steeds aan; zij kunnen bij den Afrikaanschen Olifant een lengte van 2½ M. en een gewicht van 90 KG. bereiken. Met uitzondering van een dun laagje cement, dat het diep in de tandkas verborgen deel van deze tanden bedekt, en van een (bij zeer jonge tanden aan de spits aanwezig) zeer spoedig afslijtend emailkapje, bestaat de geheele slagtand uit tandbeen; deze stof is het dus, die als "ivoor" dienst doet.

*

De Indische of Aziatische Olifant (*Elephas asiaticus, E. indicus*), dien wij als type van zijn geslacht en van zijn familie plegen te beschouwen, is een kolossaal, plomp, sterk gespierd dier met zwaren, aan het voorhoofd zeer breeden kop, korten hals, reusachtigen romp en zuilvormige pooten. Zijn kop, die bijna loodrecht gehouden wordt, draagt er veel toe bij om den overweldigenden indruk die het reusachtige dier op den toeschouwer maakt, te verhoogen. Het voorhoofd is plat of zelfs een weinig uitgehold. — De huid is in bepaalde richtingen fijn geplooid, in andere, die de plooien meestal kruisen, gegroefd; hierdoor ontstaat aan haar oppervlakte een eigenaardige, netvormige teekening; alleen aan de borst verdikken deze plooien zich tot losse, beweegbare, kwabvormige opzwellingen. Wegens dit netwerk van plooien valt het bijna volslagen gemis van beharing minder in 't oog. Het haarkleed bepaalt zich over 't grootste deel van 't lichaam tot zeer verspreid staande borstels, die een weinig dichter bijeengeplaatst zijn rondom de oogen, aan de lippen, aan de onderkaak, op de kin en op 't achterste deel van de rug; de staart echter is aan zijn spits overvloedig met haar voorzien; dit vormt hier een platte, dunne kwast. De haren hebben een bruine of zwarte kleur, behalve op de lippen, waar zij witachtig zijn; de huid zelve is vaalgrijs, behalve aan de slurf, het onderste deel van den hals, de borst en den buik, die een vleeschkleurige tint vertoonen en dicht bezet zijn met rondachtige, donkere vlekken. — Gewoonlijk komen aan de achtervoeten slechts vier hoeven tot ontwikkeling (daar de éénledige binnenteen de hoef mist); terwijl de voorvoeten er vijf hebben.

Aziatische Olifant (*Elephas asiaticus*).

De afmetingen van den Olifant worden in den regel overschat en dikwijls onjuist bepaald. Bij de grootste mannetjes bedraagt de totale lengte, van de spits van de slurf tot aan de spits van den staart, bijna 7 M., [380]waarvan ongeveer 2 M. voor de slurf en hoogstens 1.5 M. voor den staart gerekend moeten worden; de schouderhoogte bedraagt hoogstens 3 M. Waarschijnlijk treft men niet veel exemplaren aan, die grooter zijn. SANDERSON (wiens getuigenis ongetwijfeld veel gewicht in de schaal legt, daar hij gedurende een half menschenleven met het bestuur van de Olifanten-vangst in Engelsch Indië belast was) heeft van honderden van Olifanten de grootste gemeten en de schouderhoogte bepaald: bij de twee meest ontwikkelde mannetjes bedroeg zij 3 M. en 2.95 M. en bij de twee kolossaalste wijfjes 2.57 M. en 2.52 M. Het gewicht van de zwaarste dieren is waarschijnlijk 4000 KG., misschien ook iets meer.

De Indiërs, die buiten kijf de beste Olifanten-kenners zijn, onderscheiden naar de gestalte en de hiervan afhangende geschiktheid om te werken, bij deze dieren drie slagen, die zij Koemiria, Dwasala en Miërga noemen. De Koemiria is de volkomenste Olifant, zwaar en evenredig gebouwd, met ruime borst, krachtigen kop en romp, met een rechten, platten, naar achteren afhellenden rug. Zijn oog is open, helder en innemend. Zoowel naar het lichaam als naar den geest is hij een edel dier, betrouwbaar en onversaagd, majestueus en afgemeten in zijne bewegingen, als 't ware geschapen voor een vertooning van koninklijke waardigheid. Een tegenstelling met hem vormt de Miërga: deze is licht en minder schoon gebouwd, langpootig, kleinkoppig, met varkensoogen, krom en steil van rug, engborstig en dikbuikig, met zwakke, slappe slurf en dunne, gemakkelijk kwetsbare huid. Tusschen het edelste en het onedelste slag houdt de Dwasala het midden; deze is tevens het talrijkst vertegenwoordigd. De drie genoemde, zoo verschillende slagen, zijn niet door den mensen gefokt; men vindt ze bij een en dezelfde kudde; zij staan dus, naar wij mogen veronderstellen, tot elkander in een nauwen graad van bloedverwantschap.

Lichtkleurige Olifanten—zelfs zulke, die lichtkleurige vlekken hebben—, zoogenaamde Witte Olifanten, komen zeer zelden voor. In Siam, waar albino's van allerlei dieren hoog geschat worden, omdat men meent, dat zij gezagvoerders zijn over hunne soortgenooten, waar de Witte Olifant als het machtigste van alle dieren voor heilig wordt gehouden, en één der vele titels van den koning daarom "heer van den Witten Olifant" beteekent, moet men zich, naar het schijnt, bij het zoeken naar witte Olifanten tevreden stellen met exemplaren, welker kleur slechts weinig lichter is dan de gewone; een echte albino is daar nog niet voorgekomen.

In Indië is de Olifant op 25-jarigen leeftijd volwassen, hoewel nog niet in 't bezit van zijn volle kracht, die hij eerst op ongeveer 35-jarigen ouderdom heeft. Het mannetje is ongeveer in het 20e jaar voor de voortplanting geschikt. De wijfjes brengen hun eerste jong ter wereld als zij 16 jaar oud zijn, de volgende jongen met tusschenpoozingen van gemiddeld 2½ jaar. De pas geboren Olifanten hebben een schouderhoogte van ongeveer 90 cM. en op den tweeden dag gemiddeld een gewicht van 90 K.G.; gedurende 6 maanden gebruiken zij geen ander voedsel dan de moedermelk; dan beginnen zij langzamerhand een weinig malsch gras te eten, hoewel zij zich nog eenige maanden lang hoofdzakelijk met melk voeden. Van den beginne af zien zij er minder plomp uit dan andere jonge dieren er is zelfs reden om ze lief en grappig te noemen; gedurende den eersten tijd van hun leven houden zij zich bij voorkeur onder den romp en tusschen de pooten van hun moeder op, en verlaten deze veilige plaats ook dan niet als het oude dier sneller begint te loopen. Naar het schijnt, staan zij gedurende verscheidene jaren, althans tot aan de geboorte van een volgend jong, onder de hoede van de ouders.

De Aziatische Olifant is inheemsch in de meeste, boschrijke gewesten van zuidoost Azië, in Vóór-Indië van den voet van den Himalaja tot aan de zuidspits, verder in Assam, Birma, Siam, op het Maleische Schiereiland, en voorts in afnemend aantal op de twee naastbij gelegene groote eilanden Ceylon en Sumatra. (De op Borneo levende Olifanten zijn alle van Sumatra afkomstig.) Volgens TEMMINCK en SCHLEGEL vormen de op Ceylon en Sumatra inheemsche Olifanten een afzonderlijke soort, die onder den naam *Elephas sumatranus* door hen beschreven werd, maar slechts onbelangrijk van den Indischen Olifant verschilt. Deze, hoewel in vele gewesten reeds uitgeroeid, of althans zeer in aantal verminderd, bewoont binnen het zoo even genoemde verbreidingsgebied alle groote en samenhangende wouden, het gebergte zoowel als de vlakte.

De Afrikaansche Olifant (*Elephas africanus*) overtreft den Indischen in grootte; zijn gedaante is over 't algemeen minder fraai; het is echter te verwachten, dat men ook bij deze soort, evenals bij de vorige, na nauwkeuriger onderzoek "slagen" zal leeren kennen, die door uitwendige eigenschappen verschillen. Zijn romp is korter, maar staat hooger op de pooten dan bij zijn stamgenoot, van wien hij zich bovendien nog duidelijk onderscheidt door den platteren kop met meer gewelfd voorhoofd, dunnere slurf, grootere slagtanden en veel grootere ooren, door de meer gewelfde ruglijn, smallere borst en leelijker pooten. Aan de voorpooten heeft hij vier, aan de achterpooten drie hoeven, ofschoon het aantal teenen voor en achter vijf bedraagt. — De plooien en groeven van de huid vormen een grover netwerk dan bij den Indischen Olifant. Met uitzondering van een weinig beteekenende haarlijst op den nek en tusschen de schouders, eenige wijd vaneen geplaatste, soms wel 15 cM. lange, zwartbruine haren, die van de borst en den buik afhangen en enkele borstels om de oogen en aan de onderlip, ontbreekt de beharing geheel. De blauwachtig grijze, leikleurige huid is gewoonlijk met vuil en stof bedekt en hierdoor vaalbruin.

Bij een door KIRK aan de oevers van de Zambesi gedooden, mannelijken Olifant bedroeg de afstand van den spits van de snuit tot aan de kruin 2.75 M, de lengte van de gebogen lijn, die dit punt met den aanvang van den staart verbindt, was 4.2 M., de staart had een lengte van 1.3 M.; de totale lengte bedroeg dus ruim 8 M. bij een schouderhoogte van 3.14 M. En toch had dit dier nog geen hoogen leeftijd bereikt, daar iedere slagtand slechts 15 KG. zwaar was.

Het verbreidingsgebied van den Afrikaansche Olifant is in deze eeuw, vooral van 't zuiden af, aanmerkelijk ingekrompen en strekt zich tegenwoordig uit van den breedtegraad van het Tsad-meer in het noorden tot aan dien van het Ngami-meer in het zuiden. Nauwkeurig kunnen de grenzen van dit gebied niet aangegeven worden, omdat Olifanten groote reizen ondernemen, zelfs van tijd tot tijd van woonplaats veranderen, zoodat zij in sommige gewesten gedurende vele jaren en tientallen van jaren niet waargenomen worden, in andere onverwachts verschijnen.

Beide soorten van Olifanten, zoowel de Afrikaansche als de Indische, waren aan de ouden wel bekend. [381]Reeds de oude Ethiopiërs dreven een levendigen handel in ivoor, welks Grieksche naam (*elephas*) later tot dien van den Olifant werd, en reeds bij HERODOTUS in deze beteekenis voorkomt. KTESIAS, de lijfarts van ARTAXERXESMnemon was de eerste, die een Olifant volgens eigen waarnemingen beschreef. Hij zag dit dier levend te Babylon, waar het waarschijnlijk uit Indië was gebracht. Hij was de eerste, die het sprookje verbreidde, dat de olifant geen gewrichten in de pooten heeft, niet kan gaan liggen en hierom staande slapen moet. Ieder die een Olifant kunstjes ziet verrichten, weet wel beter. Wel is waar legt onze reus zich niet altijd neder om te slapen; hij doet dit echter wel degelijk als hij zijn gemak wil nemen; het gaan liggen en het opstaan kosten hem even weinig moeite als iedere andere beweging. DARIUS is de eerste veldheer, waarvan de geschiedenis melding maakt, die Olifanten in den oorlog gebruikte, o.a. toen hij ALEXANDERden Grooten bestreed. Eenige van de door ALEXANDER buit gemaakte Olifanten kreeg ARISTOTELES te zien, die een vrij nauwkeurige beschrijving van deze diersoort gaf. Na dien tijd wordt van haar dikwijls melding gemaakt. Bijna driehonderd jaar achtereen speelde zij een rol in de eindelooze oorlogen, die gevoerd werden, voordat de Romeinen er in slaagden de wereldheerschappij te verwerven. De Olifanten werden zelfs naar Europa overgebracht en in de Italiaansche veldtochten gebruikt; dit geschiedde niet alleen met de Indische, maar ook met de Afrikaansche soort. Deze, die men in lateren tijd wel eens voor ontembaar heeft gehouden, werd door de Carthagers uitmuntend voor den oorlog afgericht en bewees haren meesters belangrijke diensten.

De Romeinen maakten van de Olifanten hoofdzakelijk gebruik in hunne kampspelen; aan hen is het te wijten, dat deze dieren in de gewesten ten noorden van den Atlas uitgeroeid zijn. Hoe goed de Afrikaansche Olifanten gedresseerd werden, blijkt uit de mededeeling, dat zij letters met een griffel konden schrijven, op een gespannen koord liepen, met hun vieren op een zolder een vijfden droegen, die ziek heette te zijn, op de maat dansten, aan een prachtigen disch, met gouden en zilveren gereedschap voorzien, volgens de regels der etikette dineerden enz.

In de hierboven genoemde landen vindt men de Olifanten in ieder eenigszins omvangrijk woud. Hoe meer water het bevat en hoe meer het de kenmerken van een oerwoud draagt, des te veelvuldiger komen zij er voor. Men moet echter niet meenen, dat alleen zulke wouden den Olifant tot woonplaats dienen. Uit zorgvuldige onderzoekingen is de onjuistheid gebleken van de bewering, dat dit reusachtige dier niet van koele en hooggelegen oorden houdt. Op Ceylon bewoont hij juist bij voorkeur heuvel- en bergachtige gewesten. In Uvah vond TENNENT nog kudden van Olifanten op plaatsen, die 2400 M. boven den zeespiegel gelegen zijn. Geen hoogte is hun te luchtig of te koud, wanneer er maar overvloed van water te vinden is. De Olifant vermijdt het zonlicht zooveel mogelijk, brengt den dag in het duistere woud door en maakt van den koelen, donkeren nacht gebruik voor zijne zwerftochten. — Van den Afrikaanschen Olifant valt iets dergelijks op te merken. In de Bogoslanden heb ik zijn drek nog gevonden op een hoogte van 2000 M., en tevens vernomen, dat hij in de naburige gebergten, op een hoogte van 3000 M. boven den zeespiegel, nog geregeld voorkomt. Op dezelfde hoogte vond VON DER DECKEN sporen van de aanwezigheid van Olifanten op den Kilima-ndsjaro; na hem vond HANS MEIJER ze op een hoogte van 4000 M. Ook van getemde exemplaren wordt bericht, dat zij bij 't bestijgen van hooge bergen van groote behendigheid en van onvermoeide volharding blijken geven.

Hoe veelvuldig de Olifanten in het binnenland van Afrika ook zijn, toch is het soms moeilijk de plaats te vinden, waar zij zich op een gegeven oogenblik ophouden, daar zij een zwervend leven leiden. Bij zulke veranderingen van verblijfplaats volgen zij in den regel bepaalde paden of banen nieuwe wegen, zonder zich er om te bekommeren of deze door wouden of door moerassen, over steile hoogten of door nauwe ravijnen leiden. Voor hen levert de bodem naar 't schijnt, geenerlei hinderpalen op: zij zwemmen door stroomen en meren, dringen zonder bezwaar door het dichtste oerwoud heen, maken op den vasten grond dikwijls echte straten, omdat zij hunne tochten gezellig ondernemen en bovendien gewoon zijn in een lange rij achter elkander aan te loopen, zoodat zij dan een betrekkelijk smal spoor achterlaten. Meestal zijn de paden van de hoogte naar 't water gericht.

Het voorste lid van de kudde gaat rustig door het oerwoud, onbekommerd over het kreupelhout, dat hij onder zijne breede voeten ineenstampt, evenzeer onbekommerd over de boomtakken, die hem in den weg komen; hij breekt ze eenvoudig met de slurf af en vreet ze grootendeels op, de houtige gedeelten achterlatend. In het gebergte leggen zij, evenals in het woud, paden aan; zij doen dit op zulk een vernuftige wijze, dat zelfs deskundigen, die hun arbeid nagaan, er verbaasd over zijn. Steeds zoeken de Olifanten de gunstigst gelegen bergpassen, die in den geheelen omtrek te vinden zijn, voor hunne wegen uit. Sommige van deze passen worden door hen zoo geregeld en sedert zoo langen tijd begaan, dat zij met hunne voeten zelfs harde gesteenten afgesleten, ja in den letterlijken zin van 't woord uitgeslepen hebben.

De Olifant is trouwens slechts schijnbaar plomp van beweging, in werkelijkheid echter zeer behendig. Gewoonlijk beweegt hij zich voort met een bedaarden, gelijkmatigen pas, zooals het Kameel en de Giraffe, waarbij hij 4 à 6 KM. per uur aflegt; deze bedaarde gang kan echter zoo zeer versneld worden, dat het dier een afstand van wel 15 of 20 K.M. met een nagenoeg verdubbelde snelheid doorloopt. Meesterlijk heeft het kolossale Slurfdier er den slag van, zoo zachtjes door het woud te sluipen, dat men het in 't geheel niet hoort. "In 't eerst", zegt Sir EMERSON TENNENT van den Aziatischen Olifant, "stuift de wilde kudde met luid gedruisch door het kreupelhout; weldra echter vermindert het geraas en hoort men in 't geheel niets meer, zoodat iemand, die hieraan niet gewoon is, zou kunnen meenen, dat de vluchtende reuzen op een korten afstand zijn blijven staan." — Als de Olifant een steilte op zijn weg ontmoet, blijkt het, dat hij ook in 't klauteren ervaren is. Naar boven komt hij nog het gemakkelijkst: door de voorpooten in het handgewricht te buigen, komt het voorste gedeelte van 't lichaam lager te liggen en wordt het zwaartepunt dus naar voren verplaatst; met op deze wijze gebogen voorpooten en eenigszins achterwaarts gestrekte achterpooten bereikt het dier langzaam aan zijn doel. Bij het afdalen heeft het echter wegens zijn verbazend groot gewicht met grootere bezwaren te kampen. Op de gewone wijze voortgaande, zou de Olifant ongetwijfeld het evenwicht verliezen, naar voren omtuimelen en een val doen, die hem het leven zou kunnen kosten. Het voorzichtige dier vermijdt dit gevaar door aan den rand van den afgrond neer te knielen, zoodat zijn [382]borst den bodem raakt, nu de voorpooten hoogst bedachtzaam vooruit te schuiven, totdat zij ergens een steunpunt hebben gevonden, en vervolgens de achterpooten bij te trekken; zoo komt de kolossus langzamerhand, glijdend, en schuivend, beneden. Het komt trouwens wel eens voor, dat de Olifant op zijne nachtelijke tochten een zwaren val doet. In het dal langs den bovenloop van den Mensa zag ik hiervan onmiskenbare sporen. Een talrijke kudde was bij een berghelling afgedaald om het dal over te steken en hier op een smallen weg geraakt, die door het regenwater op sommige plaatsen uitgespoeld was. Een van de Olifanten had de pooten gezet op een vooruitstekenden steenklomp, die, losrakend en naar beneden vallend, het dier zijn evenwicht deed verliezen, zoodat het in de diepte stortte. Het dier moet een geweldige buiteling gemaakt hebben, want het gras en de struiken waren tot op een afstand van ongeveer zestien meter en over een breedte, die met de lichaamslengte van een Olifant overeenkomt, neer gedrukt, afgebroken en gedeeltelijk zelfs ontworteld. Door een sterker en dichter boschje was de val van het dier gestuit, want vandaar leidde het spoor weer naar den hoofdweg. De val had dus geen ernstiger gevolgen gehad, dan misschien eenige pijn in de lenden.

Dat de Olifant in 't zwemmen goed ervaren is, werd reeds opgemerkt; het schijnt hem een genot te zijn, zich te water te begeven en er in onder te duiken. Als hij het noodig acht, zwemt hij dwars door breede en snel stroomende rivieren; soms houdt hij het geheele lichaam onder den waterspiegel met uitzondering van de spits van de slurf. Dat deze ook voor het drinken dient, is bekend. De twee kanalen, die als voortzettingen van de beide afdeelingen der neusholte zich door de geheele slurf uitstrekken en door een uit bindweefsel en spiervezels bestaand verlengstuk van het kraakbeenig neusmiddelschot vaneengescheiden zijn hebben een vrij gelijkmatige wijdte tot dicht bij het midden van het tusschenkaaksbeen, hier kunnen zij vernauwd worden, zoodat de vloeistof, die in de slurf is opgezogen, niet verder kan doordringen. De vloeistof wordt uit de slurf geperst, b.v. in de mondholte, door de drukking van de lucht in de longen, die, omdat de luchtpijp nu tot aan de achterste neusopeningen opgeheven is, geen gevaar loopen, om bij het doorslikken van het vocht hiervan iets binnen te krijgen. Van het zich verslikken is dus in dit geval geen sprake.

De slurf wordt door den Olifant nog voor velerlei andere doeleinden gebruikt. Daar zij zeer gevoelig is, wordt zij slechts bij uitzondering gebezigd om er mede te slaan of een mensch aan te vatten. Bij alle grove werkzaamheden of gevaarlijke verrichtingen wordt zij zorgvuldig gespaard en te dien einde zoo nauw mogelijk opgerold. Hoofdzakelijk dient zij voor het opnemen en naar den mond brengen van voedsel en water, alsook voor het speuren en tasten. Met dit werktuig breekt de Olifant takken af, ook wel dunne boompjes; om dikkere af te breken, drukt hij er met den voet tegen; voor 't verschuiven van lasten maakt hij ook wel gebruik van het onder de oogen gelegen deel van den kop, waar de snuit aanvangt. Als de Olifant in dienst van den mensch een zwaar voorwerp moet opheffen, neemt hij het hieraan bevestigde touw in den bek en legt het tevens over een van zijne slagtanden, ingeval hij deze heeft. Ook de slagtanden worden voor allerlei verrichtingen gebezigd, altijd echter, evenals de snuit, met groote voorzichtigheid en zeer zeker niet als hefboomen voor het voortrollen van steenblokken of voor het uit den grond woelen van boomwortels. Zij dienen den Olifant hoofdzakelijk als wapens om aan te vallen of zich te verdedigen, en worden in andere gevallen zooveel mogelijk gespaard, omdat zij betrekkelijk gemakkelijk breken.

Alle hoogere vermogens van den Olifant zijn geëvenredigd aan zijne reeds genoemde begaafdheden. Het gezicht schijnt niet bijzonder ontwikkeld te zijn; alle jagers zijn althans van oordeel, dat het gezichtsveld van het dier zeer beperkt is. Des te beter zijn de reuk en het gehoor ontwikkeld; ook de smaak en het gevoel zijn, gelijk men bij gevangen dieren kan waarnemen, betrekkelijk fijn. Hoe scherp het dier hoort, ondervinden alle olifantenjagers. Het geringste geluid is voldoende om de aandacht van den Olifant te trekken; het breken van een takje zou zijn gemoedsrust kunnen verstoren. De reukzin is voortreffelijk ontwikkeld en stelt het dier in staat om op buitengewoon grooten afstand de lucht van iets te krijgen; geen jager is in staat om boven den wind den Olifant voldoende te naderen. In de slurf heeft ook de tastzin haar hoofdzetel; vooral het vingervormig uitsteeksel van den top van dit werktuig wedijvert in fijnheid van gevoel met den geoefenden vinger van een blinde.

De stem van den Olifant biedt veel verscheidenheid aan; de geluiden, waardoor hij zijne aandoeningen te kennen geeft zijn van velerlei aard. Welgevallen drukt hij uit door een zeer zacht gemurmel; vrees openbaart hij door een diep uit de borst komend gebulder, schrik door een kort en schril getrompet met de slurf; als hij woedend is, hoort men van hem een onafgebroken, zwaar en rommelend keelgeluid, bij het aanvallen daarentegen een gillend trompetgeluid: het trompetten moet men zich echter voorstellen als een schetterend gekrijsch.

Elke Olifanten-kudde is een groote familie en omgekeerd iedere familie vormt een afzonderlijke kudde. Het aantal leden van zoo'n kudde kan zeer uiteenloopen: het kan van 10, 15, 20 stuks aangroeien tot eenige honderden. Enkele reizigers spreken van 400 en 500, ja zelfs van 800 Olifanten, die zij bijeen gezien hebben. Zoo verzekert VON HEUGLIN, dat hij een troep van deze dieren heeft ontmoet, welker aantal volgens zijn schatting op minstens 500 begroot moest worden en evenzoo beweert SirJOH. KIRK aan den Zambesi eens een kudde van 800 stuks te hebben aangetroffen. Tot zulke verbazend groote benden vereenigen zij zich echter ongetwijfeld slechts zelden; men kan in den regel aannemen, dat in deze gevallen verscheidene kudden zich bijeengevoegd hebben, die elkander bij een grooten tocht toevallig ontmoeten en gedurende korten tijd denzelfden weg volgen.

Hoewel iedere kudde een eigen familie vormt, schijnen toch vreemde Olifanten, zooals jonge mannetjes en weggeloopen, getemde wijfjes, meestal zonder bezwaar opgenomen te worden; het is echter wel mogelijk, dat er velerlei uitzonderingen zijn. In allen gevallen is het niet juist te veronderstellen, dat de zoogenaamde "eenzame Olifanten" uitgestooten zijn en nergens opname hebben kunnen vinden. SANDERSON spreekt deze opvatting bepaaldelijk tegen. Volgens hem leiden de meeste van deze dieren, die vaker jonge dan oude mannetjes zijn, slechts schijnbaar een eenzaam leven, maar houden zij zich veeleer uit eigen verkiezing slechts tijdelijk een weinig verwijderd van hun kudde, welker bewegingen zij echter volgen. Een werkelijk eenzame Olifant, die niet meer met zijns gelijken samenleeft, komt zeer zelden voor, en is dan nog geenszins altijd een boosaardige klant, een "Rogue", zooals de Engelschen hem noemen (de Goenda der Indiërs, [383]de Hora der Singalezen, ook wel Ronkedoor genoemd in de bekende "Reis naar Ceylon" van HAAFNER). Daarentegen ontwikkelen zij zich niet zelden tot doortrapte plunderaars van plantages, die niet zoo licht door de gewone middelen verjaagd kunnen worden. Sommige van deze eenloopende gezellen worden trouwens gevaarlijk voor den mensch, die hen bij toeval stoort of opzettelijk verrast, daar zij, evenals zoo vele andere weerbare dieren, min of meer onder den indruk van den eersten schrik, den mensch aanvallen in plaats van hem te ontwijken.

De geestvermogens van den Olifant zijn dikwijls veel te hoog geschat, vooral door hen, die hem alleen in den getemden staat leerden kennen, maar niet in de vrije natuur nagegaan hebben. De meeste anecdoten over de schranderheid en het overleg van getemde Olifanten, die telkens weer hierbij tepas gebracht worden, — zooals die van den snijder, die een Olifant eens in plaats van de gewone lekkernijen een prik met een naald gaf, en die naderhand met het werk, dat hij onderhanden had, door het uit de rivier terugkeerende dier met een straal vuil water werd bespoten, — of die van den Olifant, die het wiel van een kanon ophief, om te verhoeden, dat het den van 't kanon gevallen soldaat overreed, en andere vertelsels meer —, zijn wel aardig verzonnen, maar niet werkelijk gebeurd. De in 't wild levende Olifant geeft stellig meer bewijzen van onnoozelheid dan van vernuft, en de gedresseerde, die schijnbaar uit eigen aandrift handelt, doet in werkelijkheid alleen, wat zijn geleider hem gelast. "Laten wij eens even nagaan," schrijft SANDERSON, "of de wilde Olifant meer inzicht toont dan eenig ander dier. Hoewel hij in zijn slurf een lichaamsdeel bezit, dat hem voortreffelijk zou kunnen waarschuwen voor een op lompe wijze aangelegden, met een laag takken en twijgen bedekten valkuil, valt hij er toch geregeld in. Zijne metgezellen loopen vol schrik weg, hoewel het hun weinig moeite zou kosten hem uit den kuil te halen, als zij de aarde van den rand er in trapten. Als een jongen Olifant er in gevallen is, blijft wel is waar de moeder in zijn nabijheid, tot de jagers komen, maar het komt haar niet in de gedachten, haar jong op de een of andere wijze te helpen: zij denkt er niet eens aan, takken af te breken en in den kuil te werpen, opdat het gevangen kind den honger zal kunnen stillen. Maar zóó iets gelooft het publiek veel minder graag dan het verzinsel, dat de moeder haar jong op allerlei wijzen behulpzaam is, het gras toewerpt om het voedsel te verschaffen, water met haar slurf aanbrengt om het te laten drinken, of zoolang stokken en takken in den kuil werpt, totdat haar kind er uit kan komen. Voorts worden geheele kudden van Olifanten in gebrekkig gemaskeerde omheiningen gedreven, waarin geen ander wild dier zich zou laten jagen; zij worden één voor één gevangen, doordat een paar mannen, die met tamme Olifanten naar hen toesluipen, hen de pooten samenbinden. Ontvluchte Olifanten worden op gelijke wijze, bijna zonder moeite, weder opgevangen; zelfs door de ervaring worden zij dus niet verstandiger. Zulke feiten zijn zeer zeker onvereenigbaar met de meening, dat de Olifanten buitengewoon verstandige dieren zijn, veel minder nog met de stelling, dat zij tot scherpzinnig nadenken in staat zouden zijn. Ik geloof niet, dat ik den Olifant onrecht aandoe, wanneer ik beweer, dat hij in vele opzichten dom is; bovendien kan ik de stellige verzekering geven, dat de mij bekende verhalen over zijne handelingen voorzoover zij niet op staaltjes van spierkracht en, leerzaamheid neerkomen, die hij onder de aansporing van zijn geleider vertoont, niets anders zijn dan op effect berekende verzinsels, gegrond op een te hoog denkbeeld van de geestesgaven van den Olifant.

"Wij stappen nu van het verstand van den Olifant af, om zijn gemoedsstemming gedurende de gevangenschap na te gaan. Ik vertrouw, dat ieder, die met Olifanten te maken heeft gehad, met mij zal instemmen, wanneer ik zeg, dat hunne goede eigenschappen bijna niet hoog genoeg geschat kunnen worden en dat slechte bij hen steeds een uitzondering zijn. De beste eigenschappen van den Olifant zijn gehoorzaamheid, zachtmoedigheid en geduld. In deze opzichten wordt hij door geen enkel huisdier overtroffen. Zelfs in een zeer onaangenamen toestand—b.v., als hij de blakerende zon dulden of pijnlijke heelkundige bewerkingen ondergaan moet,— toont hij zelden eenige prikkelbaarheid. Hij weigert nooit iets te doen, wanneer hij op de juiste wijze bestuurd wordt—tenzij het iets is, waarvoor hij vrees koestert. De Olifant, de wilde zoowel als de tamme, is buitengewoon vreesachtig; zijn vrees wordt door ieder eenigszins vreemdsoortig verschijnsel zeer licht opgewekt. Toch hebben vele van deze dieren een goeden aanleg tot moed, die alleen maar op een behoorlijke wijze ontwikkeld behoeft te worden, zooals blijkt uit het gedrag van sommige Olifanten bij de tijgerjacht."

Van vreesachtigheid geven de wilde Olifanten blijken bij al wat zij ondernemen: hetzij zij voedsel zoeken, of uitgaan om zout te likken (waarvan zij groote liefhebbers zijn), of om te drinken of om te baden, altijd bewegen zij zich met de grootst mogelijke voorzichtigheid, maar geven zich dan ook, nadat zij zich van hun veiligheid overtuigd hebben, met des te grooter genot aan het genoegen van den maaltijd over. Zij breken spelenderwijs takken van de boomen af, waaien zich hiermede koelte toe, verdrijven de hun zoo lastige Vliegen en verslinden de takken nu op hun gemak, na ze eenigszins ineengefrommeld te hebben. Hoewel het maal bedaard en zonder overhaasting gebruikt wordt, geschiedt dit toch niet altijd stil en zonder gedruisch te maken; integendeel het gaat, naar VON HEUGLIN in het stroomgebied van den Boven-Nijl heeft opgemerkt, met een waarlijk helsch geraas gepaard. Het knikken van de twijgen, het kraken van de takken of stammen, die dikwijls met vereende krachten afgebroken worden, het kauwen, ademen, zich ontlasten, het dof gerommel van de lucht in de ingewanden, het plassen van de zware voeten door het moeras, het nat spuiten van het lichaam met de slurf, het klepperen met de kolossale ooren, die dikwijls als zonneschermen uitgebreid worden, het wrijven van het kolossale lichaam tegen dikke boomstammen en het gillend getrompet, dat intusschen van deze dieren gehoord wordt, dit alles te samen brengt een oorverdoovend geraas teweeg. Geëvenredigd aan dit geraas is de elke beschrijving te boven gaande verwoesting, die een Olifanten-kudde in het woud aanricht. "Wat door de kolossale voeten niet nedergetrapt wordt," verhaalt onze zegsman, "wordt omgesmeten, de sterkste boom ontworteld, zijne takken afgebroken; het kreupelhout ligt verward door elkander op den grond alsof een razende wervelwind het had neergeworpen; stammen, die de stormen van meer dan een eeuw getrotseerd hebben, zijn als riethalmen geknapt." (?) Takken van meer dan een arm dik worden door den Olifant zonder bezwaar verzwolgen. Zeer dikke takken schilt hij geheel of gedeeltelijk, waarna hij het hout laat liggen. In dorre [384]steppen wroet hij ook in den bodem om saprijke wortels te verkrijgen.

De Olifanten behooren ongelukkig eveneens tot de dieren, die hun ondergang tegemoet gaan. De vervolgingen, die zij te verduren hebben, zijn geen wraakoefeningen voor de door hen aangerichte schade; men maakt jacht op hen wegens het genoegen, dat deze jacht oplevert, en om het kostbare ivoor te verkrijgen. Van de vroegste tijden af is daarom een verdelgingskrijg tegen hen gevoerd. In Indië en op Ceylon worden zelfs tandelooze of korttandige mannetjes, ja zelfs de tandelooze wijfjes en jongen alleen ter wille van het jachtvermaak geschoten en misschien nog vaker in valkuilen gevangen, waarin zij bij het naar beneden storten dikwijls zoozeer gewond worden, dat zij voor dienstverrichtingen niet meer bruikbaar zijn. In Afrika, waar de dieren van beiderlei geslacht groote slagtanden hebben, maken zoowel de inboorlingen als de Europeesche beroepsjagers jacht op hen ter wille van het ivoor. Ongelukkig gaan ook zij hierbij niet altijd met omzichtigheid te werk, maar moorden soms doelloos. In het open veld, b.v. in Zuid-Afrika, waar men op een goed gedresseerd Paard zich op een willekeurigen afstand van den Olifant bewegen kan, gebruikt men bij deze jacht dikwijls het Engelsche militaire geweer en schiet het dier hiermede snel achtereenvolgens zooveel kogels in 't lijf, totdat hij ter aarde stort. Waar echter de Tsetse-vlieg het gebruik van Paarden onmogelijk maakt, en vooral in streken, die rijk zijn aan wouden, of waar veel struikgewas groeit, jaagt men te voet en maakt gebruik van zeer zware geweren met gladde loopen of van zware dubbelloopsbuksen. Daar men zich in het dichtst van het woud tot in de onmiddellijke nabijheid van het wild begeeft, de meeste schoten op een afstand van minder dan 30 schreden en met een hiermede geëvenredigde gewisheid op het kwetsbaarste lichaamsdeel lost — zoo mogelijk op een plek ter grootte van een hand tusschen het oog en het oor —, is wegens de zeer sterke lading niet zelden één kogel voldoende om den reusachtigsten Olifant neer te vellen.

De vermoeienissen bij deze wijze van jagen zijn zoo groot, dat slechts de meest geharde mannen ze kunnen verduren; het gevaar voor den jager is echter niet zoo groot, als het wel schijnen kan. Het valt niet te ontkennen, dat de vertoornde Olifanten soms op hunne vervolgers aanvallen; enkele van deze hebben ook inderdaad onder de voeten van de reuzen van het woud hun laatsten adem uitgeblazen. — De werkelijk vertoornde Olifant maakt ook nog op andere wijze dan door zijn kolossale zwaarte, waaronder de bodem dreunt, een onvergetelijken indruk op den toeschouwer. Met ineengerolde slurf, de ooren een weinig opgeheven, den staart in een kring zwaaiend, schiet hij woest snuivend op zijn vijand toe; het voorste deel van zijn lichaam schijnt aan te groeien, het ziet er althans veel breeder en hooger uit, dan ooit te voren; aan het achterste deel van den romp worden de lange huidplooien door hun heen en weer slingerende beweging veel duidelijker zichtbaar; de reusachtige massa nadert snel en aanhoudend; het toornig snuiven wordt afgewisseld door een woedend gekrijsch, waarvan iemand, die aan zulke geluiden niet gewoon is, zich geen denkbeeld kan vormen. Wanneer in deze omstandigheden de van drift ziedende reus zijn tegenstander bereikt, is deze verloren, en is hij, meestal zonder eenige kans op redding, blootgesteld aan de billijke wraakoefening van den getergden planteneter.

Het tijdstip, waarop de Indische Olifanten uitgeroeid zullen zijn, is vooreerst nog niet aangebroken. De betoogen van weldenkende ambtenaars hebben teweeggebracht, dat de inboorlingen van hunne zoovele dieren verminkende vangwijzen thans een minder ruim gebruik maken dan vroeger; hierdoor verheugt de in 't wild levende Olifant zich thans in een volledige vrijheid van beweging, zoowel in de West-Ghats als in de eindelooze dsjungels en wouden, die zich langs den voet van den Himalaja tot aan Birma en Siam uitstrekken. Het aantal dieren, dat ieder jaar op last en ten behoeve van de regeering gevangen wordt, is betrekkelijk zeer gering; er valt niet aan te twijfelen, dat de wildernissen, die men den Olifant en andere wilde dieren als woonplaats kan overlaten, tegenwoordig zoo talrijk met wild bevolkt zijn, als men maar wenschen kan.

In Afrika oefenen de inboorlingen nu nog op dezelfde wreede en onmeedoogende wijze als voor onheugelijke tijden de jacht op den Olifant uit. In het westen van Afrika, in het Ogowe-gebied, vlechten de Negers de slingerplanten tot een soort van netwerk ineen, drijven dan de Olifanten naar de op deze wijze omheinde plaatsen van het woud en slingeren, als de dieren besluiteloos voor de dooreengewarde ranken blijven staan, honderden van lansen in het lichaam van de sterkste en grootste exemplaren, totdat deze ter aarde storten. Gebruikelijker is het echter bij dergelijke jachten in het woud, zulk een omheining in den vorm van een grooten halven cirkel aan te leggen en de Olifanten, die er toevallig in geraakt of er in gedreven zijn, zoo schielijk mogelijk met een haag te omgeven. Rondom deze worden dan wachten geplaatst en vuren aangestoken, om de dieren, die de omheining naderen, terug te schrikken. Hoewel het zelfs den kleinsten en zwaksten Olifant mogelijk zou zijn, om zonder groote inspanning door de weinig weerstand biedende omtuining heen te breken en aan de slecht gewapende inboorlingen te ontkomen, wagen de gevangen dieren het evenwel niet, de vlucht te nemen. Zij worden door de hen omringende jagers letterlijk uitgehongerd, aangeschoten, gespietst en in een toestand van doodelijke uitputting eindelijk om 't leven gebracht.

Veel aantrekkelijker en menschelijker dan alle jachtmethoden, is de wijze waarop men de Olifanten levend vangt, om deze vagebonden te temmen, tot nuttige dienaren van den mensch op te leiden. De Indiërs zijn meesters in deze kunst. Onder hen bestaat een echt gilde van Olifanten-vangers, die Panikis heeten; zij volgen het spoor van den Olifant, zooals een goede Hond het spoor van een Hert herkent; sporen, die door Europeesche oogen niet opgemerkt worden, zijn voor hen als 't ware de met duidelijke aanwijzingen beschreven bladen met een voor hen verstaanbaar boek. Hun eenig wapen bestaat in een stevigen en rekbaren strik van herte- of buffelleer, dien zij, als zij onvergezeld op de vangst uitgaan, den door hen begeerden Olifant om den poot werpen. Met onhoorbare schreden volgen zij hem op den weg en wachten een gunstig oogenblik af, om hem te kluisteren; soms zelfs zien zij kans om hem, wanneer hij stil staat, den strik aan beide pooten te bevestigen. Hoe zij het aanleggen om ongemerkt het vreeschachtige dier te naderen, is en blijft een raadsel. Een Europeaan is, omdat hij den goeden uitslag van de onderneming zou verijdelen, niet in staat deze lieden op hunne jachttochten te volgen en moet zich tevreden stellen met wat hij er van hoort vertellen.

Veel grootscher en winstgevender is een wijze van vangen, die geheele kudden aan de heerschappij van den mensch onderwerpt. Om deze in practijk te brengen, [385]wacht men gewoonlijk het begin van het droge jaargetijde af, en trekt dan met eenige honderden geoefende inboorlingen en zooveel mogelijk tamme Olifanten naar een gewest, waar een talrijke kudde wilde Slurfdieren verblijf houdt. Deze kudde wordt in de eerste plaats door een 5 à 10 KM. langen keten van posten omgeven, die ieder met twee manschappen bezet en, al naar den aard van het terrein, op afstanden van 60 à 100 schreden van elkander verwijderd zijn. In den regel kan een op deze wijze omsingelde Olifantenkudde niet anders dan door groote onachtzaamheid van de schildwachten ontkomen. Binnen weinige uren hebben de manschappen in alle stilte een zwakke omheining van gespleten bamboe-stokken enz. langs den geheelen ring voltooid, en voor zich zelf van takken een soort van hutten gebouwd; des nachts worden vuren aangestoken. Heeft men een recht groot terrein omheind, dat rijk is aan voedsel en water, dan veroorzaken de Olifanten gewoonlijk slechts gedurende de eerste nachten eenige moeite; zij worden, telkens als zij de omheining naderen, door fakkels, schoten en geschreeuw teruggedreven. Deze soort van insluiting wordt gedurende 4 à 10 nachten volgehouden, d.i. zoolang, totdat een reeds vroeger begonnen, uit stevig paalwerk bestaande omheining, den "Khedda", op een gunstig gelegen plek binnen het afgeperkte terrein voltooid is. De sterke, uit boomstammen en planken samengestelde, ongeveer 4 M. hooge wand, omsluit een kringvormige ruimte van 20 à 50 M. middellijn en laat een ongeveer 4 M. breeden ingang vrij, die door een zware valdeur gesloten kan worden, waarheen een gang leidt, die door twee tot op een afstand van 100 M. voortgezette, uit palen bestaande, uiteenwijkende vleugelwanden begrensd wordt. Zoodra deze getimmerten gereed zijn, wordt de kring om de omsingelde kudde vernauwd. De naastbij geplaatste wachtposten begeven zich naar de uiteinden van de beide vleugelwanden, de meer verwijderd staande dringen op de Olifanten aan, eerst langzaam en voorzichtig, daarna sneller; wanneer eindelijk de dieren tot aan de wijde opening van den Khedda genaderd zijn, wordt met groot geschreeuw en het afschieten van de geweren een algemeene storm ondernomen, die de dieren langs den weg tusschen de beide vleugelwanden en door de nauwe poort tot binnen in den Khedda drijft. De valdeur, die aan een touw hangt, dat nu doorgesneden wordt, valt krakend naar beneden, — de kudde is gevangen. Niet altijd loopt deze arbeid goed van stapel; soms bemerken de dieren gevaar, stormen op hunne belagers af, breken door den kring heen, moeten op nieuw omsingeld worden, of zijn in 't geheel niet meer tegen te houden. In den regel echter gelukt het, de eenmaal in een kring besloten kudde in de voor 't vangen bestemde ruimte te drijven en haar hierin te doen blijven, in weerwil van de onrustigheid der dieren en de pogingen, die zij af en toe aanwenden, om een bres te maken in de omheining. Als de eerste ontroering voorbij is, zendt men tamme Olifanten met hunne geleiders en de hun toegevoegde binders in den Khedda; deze maken zich achtereenvolgens één voor één van de dieren meester, en brengen ze gekluisterd buiten de vangruimte in het omringende woud, waar zij aan boomen vastgelegd worden. TENNENT beschrijft de vangwijze, die op Ceylon in gebruik is, als volgt:

"Buiten de vangruimte was alles gereed gemaakt om de tamme Olifanten, die helpen moeten bij het binden hunner wilde soortgenooten in de kraal" (zoo heet hier de Khedda) "te voeren. De strikken werden gereed gehouden; eindelijk trok men behoedzaam de boomstammen weg, die den ingang gesloten hielden, en liet twee tamme Olifanten zachtjes naar binnen gaan. Elk dier werd bereden door een kornak en zijn knecht. Elke Olifant had een stevigen halsband om, van welke naar weerszijden een riem van antilopenleder, met een strik voorzien, naar beneden hing. Ter zelfder tijd trad de aanvoerder van de binders naar binnen, en hield zich achter de tamme Olifanten verborgen; hij was verlangend voor zich de eer te verwerven den eersten Olifant te binden. Het was een vlug mannetje van ongeveer 70-jarigen leeftijd, die voor diensten bij de olifantenvangst bewezen, reeds twee zilveren kettingen als eereteekens verworven had. Zijn zoon, eveneens bekend door zijn moed en behendigheid, vergezelde hem."

"Een van de twee tamme Olifanten, die de kraal binnengingen, had een buitengewoon hoogen ouderdom bereikt. De andere, die Siribeddi werd genoemd, was omstreeks vijftig jaar oud en onderscheidde zich door zijn zachtaardig en verstandig voorkomen. Zonder gedruisch te maken waren de vangers binnengekomen; langzaam met een sluwen blik, doch schijnbaar zonder zich om iets te bekommeren, drentelde Siribeddi voort tot aan de plaats, waar de negen wilde Olifanten bijeenstonden, nu en dan staan blijvend om in het voorbijgaan een bosje gras of eenige bladen af te plukken. Toen hij dichter bij was gekomen, gingen de wilde Olifanten hem te gemoet, hun aanvoerder streek hem zachtjes met de slurf over den kop, keerde zich daarna om en begaf zich met langzame schreden weder naar zijne bedrukte metgezellen. Siribeddi volgde hem op dezelfde onverschillige wijze en ging dicht achter hem staan, zoodat de oude man, onder hem doorkruipend, een strik om den achterpoot van den wilden Olifant kon schuiven. Deze bemerkte onmiddellijk het gevaar, waarin hij verkeerde, schudde den strik af, keerde zich om en viel op den ouden man aan. Deze zou zwaar hebben moeten boeten voor zijn vermetelheid, indien Siribeddi hem niet met de slurf beschermd en den aanvaller naar het midden der kudde teruggedreven had. De oude man was licht gewond en verliet de kraal, terwijl zijn zoon RAUGHANIE hem verving. De kudde stond weer in een kring met de koppen naar het middelpunt gekeerd. De beide tamme Olifanten gingen onbeschroomd bij hen staan, en wel zoo, dat zij het grootste mannelijk exemplaar tusschen zich hadden. Dit bood geen weerstand, maar toonde zijn ongenoegen door voortdurend nu eens den eenen dan weer den anderen poot op te heffen. RAUGHANIE sloop nader en hield met beide handen den strik open, waarvan het andere uiteinde aan Siribeddi's halsband vastgemaakt was; hij wachtte het oogenblik af, waarop de wilde Olifant een van zijne achterpooten zou oplichten; eindelijk gelukte het hem den strik om dezen poot te werpen; hij trok hem aan en vluchtte toen achteruit. Oogenblikkelijk gingen de beide tamme Olifanten eveneens achterwaarts. Siribeddi trok het touw aan en sleepte op deze wijze den gekluisterden reus uit den kring weg; de andere tamme Olifant plaatste zich terzelfder tijd tusschen Siribeddi en de nog overige leden der kudde om hen te verhinderen zich in den strijd te mengen.

"Nu moest de gevangene nog aan een boom vastgemaakt en hiervoor 30 à 40 M. verder achteruit getrokken worden, en dit, terwijl hij woedend weerstand bood, voortdurend vreeselijk brulde, naar alle zijden heen sprong en de kleine boomen, die hem in den weg stonden, als riet vertrapte. Siribeddi trok hem gestadig naar zich toe en sloeg eindelijk den riem dien hij voortdurend zoo strak mogelijk gespannen [386]hield, om een hiervoor geschikten boom. Zich om den boom heen bewegend, stapte hij voorzichtig over den riem om dezen nogmaals om den stam te wikkelen, waarbij hij natuurlijk tusschen den boom en den Olifant door moest gaan. Hij kon dezen natuurlijk niet zoo vastbinden, dat er geen ruimte meer tusschen den stam en de gevangene overbleef. De tweede tamme Olifant kwam hem te hulp, en duwde den gevangene terug door zich schouder tegen schouder en kop tegen kop bij hem te plaatsen, terwijl Siribeddi na elke achterwaartsche schrede van het wilde dier den slap geworden riem aantrok en zóó den afstand tusschen den boomstam en den olifantspoot verkortte, totdat beide met elkander in aanraking waren. De vanger maakte toen den riem vast en wierp een tweeden kluister om den anderen achterpoot, die op dezelfde wijze als de eerste en aan denzelfden boom bevestigd werd. Eindelijk werden nog de beide achterpooten met zachter banden aan elkander gehecht om de wonde en de zwelling, die de riemen zouden kunnen veroorzaken, indien de beweging van het dier niet eenigszins beperkt werd, minder gevaarlijk te maken. Nadat de beide tamme Olifanten zich nogmaals, als in den aanvang, naast den wilde hadden geplaatst, kon RAUGHANIE, onder hun lichaam doorgaande, ook de beide voorpooten van den gevangene kluisteren en aan een dichtbij, doch vóór hem staanden boom bevestigen. Nu was zijn arbeid, wat dit dier betrof afgeloopen en verlieten de tamme Olifanten die steeds hunne kornaks droegen, het slachtoffer, om een ander lid van de kudde hetzelfde lot te doen ondergaan. Merkwaardig is het, dat de wilde Olifanten nimmer een poging doen, om de bestuurders van de tamme dieren aan te vallen en op den grond te werpen." Zoodra de aanvankelijk min of meer weerspannige gevangenen eenigermate gewoon zijn geraakt aan den mensch en aan hunne tamme soortgenooten, worden zij overgebracht naar de plaats, waar men ze africht voor het werk, dat men van hen verlangt, b.v. het vervoeren van zware bouwmaterialen, balken of steenen.

In tegenstelling met de Indiërs, welker wijze van Olifanten-vangst zooeven beschreven werd, gaan de Afrikaansche stammen op een merkwaardig ruwe en lompe wijze te werk ter bereiking van hetzelfde doel. De nomadische stammen van de steppen, die zich tusschen den Nijl en de Roode Zee uitstrekken, houden zich meer of minder geregeld met de vangst van Olifanten bezig; het middelpunt van den handel in deze dieren was sedert 1857 Kassala. MARNO die CASANOVA op één van diens reizen naar Kassala begeleidde, bericht, dat de bewoners van de steppen jacht maken op jonge, nog zuigende Olifanten, en deze alleen kunnen vermeesteren, nadat zij hun moeder op de reeds vroeger beschreven wijze vervolgd en gedood hebben. Terwijl de koenste jagers met het oude dier bezig zijn, trachten andere zich meester te maken van het jong; zij werpen het strikken om het lijf, trekken het op den grond en kluisteren het aan alle vier pooten. Gekrabd en gekwetst, keeren de jagers van hun woesten rit door wildernissen van doornstruiken met den buit naar hun dorp terug, evenals de krom en lam gereden Paarden; beide hebben zij na zulk een jacht een langen rusttijd noodig. Volgens MARNO biedt de opvoeding van de Olifanten, zelfs van zeer jong gevangen exemplaren, groote moeilijkheden aan, zoowel door hun weerspannigheid gedurende en na de vangst, als door de bezwaren verbonden aan hun voeding en hun vervoer.

In de Europeesche dierentuinen kan de Afrikaansche Olifant even goed in 't leven gehouden worden als de Aziatische, zelfs wanneer er weinig gedaan wordt tot bevrediging van zijne natuurlijke behoeften: dikwijls mist hij een groote ruimte voor vrije beweging of een badvijver van voldoende diepte en wijdte. Om de nadeelige gevolgen van te weinig lichaamsoefening te ontgaan, is hij wel genoodzaakt heen en weer te loopen of voortdurend de eene poot na de andere op te tillen en neder te zetten; terwijl hij zich voor het gemis van het zoo noodige bad schadeloos stelt, door zich van tijd tot tijd met de slurf, nat te spuiten. Zijne uitmuntende zintuigen, zijn leerzaamheid, zijn zachtaardig voorkomen vallen iederen toeschouwer dadelijk 't oog. Hij leert gemakkelijk en al spelend; hij "werkt" gewillig en gaarne en vormt om die reden een van de merkwaardigste nummers op het programma van ieder wildedierenspel, terwijl hij evenzeer de lieveling is van de bezoekers der diergaarden. — De hoeveelheid voedsel, die hij noodig heeft, is zeer aanzienlijk: volgens HAACKE krijgt de Aziatische Olifant van de diergaarde te Frankfort, die omstreeks 43 jaar oud is, dagelijks 8 KG. tarwe-zemelen, 8 KG. roggebrood, 2 KG. rijst en 25 KG. hooi, behalve het ligstroo, dat hij nu en dan opvreet, en de lekkernijen, bestaande uit wittebrood, roggebrood, suiker, vruchten en dergelijke zaken, waarop de bezoekers hem tracteeren. Ditzelfde dier drinkt iederen dag ongeveer 16 met water gevulde stal-emmers leeg.

Het vleesch van den Afrikaanschen Olifant heeft den smaak van rundvleesch, maar is veel taaier en grover van vezels. De Negers snijden alle spieren van dit dier in lange repen, die zij in de zon of boven het vuur laten drogen, en vóór het gebruik tot een grof poeder wrijven, dat zij aan hunne eenvoudige gerechten toevoegen. Bij de jachtexpedities die de Njam-njam ondernemen, dooden zij soms zooveel Olifanten, dat verscheidene dorpen hierdoor maanden lang een voldoende hoeveelheid vleesch hebben. "Dikwijls" zegt SCHWEINFURTH, "zag ik lieden die, naar ik meende, zich met een groot bos brandhout naar hunne hutten begaven: zij droegen de hun toekomenden portie olifantenvleesch, dat in lange repen gesneden en boven het vuur gedroogd, geheel het uiterlijk van hout en takjes had verkregen."

Voor den wereldhandel is van den Olifant alleen het ivoor van belang, maar dan ook van groot belang. De totale hoeveelheid ivoor, dat van de thans levende Olifanten-soorten afkomstig is en op de wereldmarkt komt, bedroeg volgens een statistieke opgave over de jaren 1879–1883, gemiddeld per jaar ongeveer 868.000 KG. Hiervan leverden Ceylon en Sumatra 2000 KG., Achter-Indië 7000 K.G., Voor-Indië 11000 KG. en Afrika 843.000 KG. [387]

Tiende Orde.

De Onevenvingerigen (Perissodactyla).

De orde van de Onevenvingerigen omvat, evenals die der Slurfdieren, slechts de weinig talrijke vormen, die van een eertijds veel rijker ontwikkelden stam zijn overgebleven; deze in den regel groote dieren steunen, terwijl zij zich bewegen, alleen op de hoeven, d.w.z. op nagels die het laatste vingerlid geheel omgeven; steeds is bij hen de teen, die met den derden teen van den vijfteenigen voet overeenkomt, meer ontwikkeld dan de overige; bij de Paarden is hij zelfs de eenige, die tot ontwikkeling is gekomen. Het gebit van de Onevenvingerigen onderscheidt zich door de kleinheid of afwezigheid der hoektanden en de door lijsten verbonden knobbels der maaltanden; snijtanden komen in beide kaken voor.

Van deze orde zijn ongeveer 25 soorten bekend, die, met uitzondering van Australië, nagenoeg over de geheele wereld verspreid zijn: zij kunnen over vier scherp van elkander gescheiden familiën verdeeld worden: in de éénteenige Paarden, de Tapirs, die vier teenen aan de voorpooten, drie teenen aan de achterpooten hebben, de drieteenige Neushoorndieren en de Klipdassen, welker teenen in aantal met die der Tapirs overeenstemmen. Wegens de geringe overeenkomst, die er, ook wat de levenswijze betreft, tusschen deze vier familiën bestaat, komt een op alle toepasselijke beschrijving ons onuitvoerbaar voor.

De Paarden (*Equidae*) van de hedendaagsche dierenwereld vormen een zeer begrensde groep en vertoonen zooveel overeenkomst met elkander, dat men ze tot één geslacht rekent. Dit geslacht — dat der Paarden (*Equus*) — is gekenmerkt door een middelmatig groote, schoone gestalte, betrekkelijk krachtige ledematen en een mageren, langwerpigen kop met groote, levendige oogen, middelmatig groote, toegespitste, beweeglijke ooren en wijd geopende neusgaten. De hals is stevig en gespierd, de romp afgerond en vleezig, het lichaam grootendeels met zachte, korte, dicht aanliggende haren bedekt, die zich echter in den nek tot manen verlengen; ook de staart is, hetzij alleen aan de spits (bij de Ezels) of over zijn geheele lengte (bij de

Eigenlijke Paarden), met lange haren begroeid. Het aanwezig zijn aan elken poot van slechts één teen, welks eindlid (hoeflid) door een sierlijk gevormden hoef als door een schoen omgeven is, onderscheidt de Paarden van alle Onevenvingerigen. Wegens de groote rol, die dit lichaamsdeel bij de beweging speelt, is het noodig het te beschrijven.

De teen bestaat uit drie leden: de koot, de kroon en het hoeflid. Het geraamte van het hoeflid bestaat uit twee beenderen van zeer ongelijke grootte: het voorste en grootste, het hoefbeen, is sponsachtig, heeft een scherpen, halfcirkelvormigen onderrand, die de eenigszins uitgeholde ondervlakte van het hoefbeen van voren en aan de zijden begrenst; het achterste, kleinere beentje, dat, evenals het hoefbeen, met de ondervlakte van het kroonbeen verbonden is, heet straalbeen. De pees van de spier, die het hoeflid buigt, gaat achter dit straalbeen langs, om zich te hechten aan de ondervlakte van het hoefbeen, waar zij zich tot een peesvlies (den "ganzevoet") verbreedt.

De hoef, die het hoeflid omgeeft, bestaat uit: 1°. een hard, verhoornd gedeelte (de hoorndoos), en 2°. de meer inwendig gelegen, zachte hoefhuid. Aan de hoorndoos onderscheidt men drie deelen:

(a) De hoornwand, welks voorste, sterk hellend gedeelte (de teen) zich achterwaarts ombuigt, in de meer loodrecht geplaatste zijwanden of kwartieren overgaat, die, steeds smaller wordend, aan de buitenzijde van het hoeflid blijven tot daar, waar zij in twee minder harde uitwassen (de verzenen) hun achterste punt bereiken; hier gaat de hoornwand op de onderzijde van het hoeflid over onder den naam van steunsels, die naar voren van weerszijden samenloopen, en onder een scherpen hoek elkander ontmoeten. De lijn volgens welke de hoornwand in de gewone huid overgaat, heet kroonrand; het deel dat op den grond rust, en aan den "teen" ruim 1 cM. breed is, heet draagrand.

(b) De hoornzool, een dikke plaat met oneffen oppervlakte, die de ruimte vult welke tusschen den "teen", de zijwanden en de steunsels overblijft, is met den draagrand verbonden volgens een witte lijn; alleen hier rust zij op den grond, daar zij eenigermate gewelfd is.

(c) De hoornstraal is een weekere, maar zeer veerkrachtige hoornmassa van wigvormige gedaante, die de driehoekige ruimte tusschen de beide steunsels aanvult; door de overlangsche straalgroef is hij in twee afdeelingen verdeeld, die zich naar achteren ieder tot een hoornbal uitzetten.

De binnenste oppervlakte van den hoornwand is met diepe groeven voorzien, waarin plooien van de rijk met bloedvaten en zenuwen voorziene zachte hoefhuid doordringen; deze wordt naar het deel, waarmede zij in aanraking is, onderscheiden in [388]vleeschwand, vleeschzool en vleeschstraal. De beide laatste hebben geen plaatvormige, maar tepelvormige uitwassen, die in kuiltjes van het hoorn doordringen. De hoefhuid is evenzoo ingericht aan den kroonrand, waar zij het dikst is en zoom heet. De vleeschstraal is wit, veerkrachtig en niet zeer gevoelig. Door de zachte hoefhuid wordt het hoorn van den hoef gevormd.

Door haar samenstelling is de hoef in staat zich eenigszins te verwijden en te vernauwen. Zoodra, bij het neerzetten van den voet, het gewicht van het lichaam op het hoefbeen en straalbeen, en bijgevolg op den straal, de steunsels en de hoornzool drukt, wordt de zool vlakker; tevens komt de straal met den bodem in aanraking en verbreedt zich; beide oefenen dus een zijdelingsche drukking uit op den hoornwand, welks achterste gedeelte zich het eerst aan den kroonrand en daarna ook aan den draagrand zal verwijden. Bij het ophouden van de drukking wordt de hoef, door de veerkracht zijner bestanddeelen, weder in den vorigen toestand teruggebracht. De verwijding en de daarop volgende inkrimping bedragen ongeveer 3 mM. Hierdoor zal er geen pijnlijke drukking op en geen beschadiging van de zachte hoefhuid plaats hebben, schokken worden voorkomen en de bloedsomloop blijft ongestoord. Een sierlijke en vlugge beweging wordt er door bevorderd. Voor het behoud van deze belangrijke eigenschappen van den hoef is het noodig, hem goed te verzorgen; steeds moet de draagrand een loodrechten stand hebben. De snelle afslijting van dezen rand op een harden of geplaveiden weg, wordt door het aanbrengen van een hoefijzer (door het beslaan) vermeden. De hoefijzers mogen de inkrimping en uitzetting van den hoef niet verhinderen; zij worden vastgehecht met 5 à 9 nagels, die in de witte lijn worden ingeslagen. Vooral de voorhoeven hebben, wegens hun van nature vlakkere zool, beschutting door een hoefijzer noodig.

Het kootbeen is verbonden met een lang middelvoetsbeen, dat kanonbeen (pijpbeen) wordt genoemd; hierachter komen twee weinig ontwikkelde (rudimentaire) middelvoetsbeenderen voor, die, wegens hun vorm, griffelbeenderen heeten: zij bereiken het kootgewricht niet, maar eindigen op eenigen afstand daarboven stomp in het vleesch. In 't diluviale tijdvak bestonden onze hedendaagsche Eénhoevigen reeds. De dieren, die hen in het voorafgaande tertiaire tijdvak vervingen, hadden in plaats van de griffelbeenderen, twee goed ontwikkelde middelvoetsbeenderen, die ieder een achterteen droegen; deze uitgestorven, drieteenige vormen, worden als de voorouders van de hedendaagsche Paarden beschouwd. — Gewoonlijk wordt het deel van den poot, waarin het pijpbeen en de griffelbeenderen voorkomen, de pijp genoemd; het polsgewricht heet in de wandeling "voorknie", of eenvoudig "knie". Wat de teen en de pijp betreft, komen de voor- en achterpooten in hoofdzaken met elkander overeen.

Elke kaakhelft bevat 3 snijtanden, die als het ware van boven ingestulpt zijn, waardoor in elk dezer tanden een holte ontstaan is. Op deze wijze zijn de drie bouwstoffen van den tand, cement, email en tandbeen, in dubbele lagen aanwezig. Van boven gezien ontdekt men licht de twee kringvormige lagen van email, die, harder zijnde, minder afslijten. De binnenste omsluit een centrale holte, het merk, die, behalve dat zij inwendig met cement is bekleed, met een kalkachtige massa en met gekauwde spijsdeelen is opgevuld, en daardoor een geheel andere kleur vertoont dan het glasachtige email. Tusschen de beide email-kringen treft men het weekere tandbeen aan. De genoemde holte of instulping is in de snijtanden der bovenkaak van het Gewone Paard 1.3 à 1.7 cM. diep, in die der onderkaak slechts 0.66 cM., en wordt naar beneden toe steeds nauwer. Aangezien nu de tanden door het gebruik voortdurend afslijten, spreekt het van zelf, dat het merk steeds kleiner worden en eindelijk geheel verdwijnen moet; dit geschiedt echter eerder aan de tanden der onderkaak dan aan die der bovenkaak, wijl bij deze de holte dieper is. — De hoektanden ontbreken dikwijls, vooral bij de wijfjes; bij de mannetjes vertoonen zij zich in den regel als kleine, haakvormige, stompe kegels, die door de paardenkenners gewoonlijk "haaktanden" worden genoemd, omdat zij den naam "hoektanden" geven aan de buitenste snijtanden, terwijl de voorafgaande paren snijtanden bij hen "middeltanden" en "grasbijters" heeten.—De zes vierzijdige kiezen van iedere kaakhelft hebben sterk gekronkelde email-plooien op de kroonvlakte.—Van de spijsverteringsorganen verdienen voorts nog vermelding: de nauwe slokdarm, die op de plaats, waar hij in de maag eindigt, met een klep voorzien is, de enkelvoudige (onverdeelde), langwerpig ronde, tamelijk kleine maag, de sterk ontwikkelde blinde darm; de galblaas ontbreekt.

Als het oorspronkelijk verbreidingsgebied van de Paarden—welker overblijfselen men voor 't eerst in de lagen van het tertiaire tijdvak ontmoet—wordt het grootste gedeelte van het noordelijk halfrond beschouwd. In Europa zijn de wilde Paarden, naar 't schijnt, eerst voor betrekkelijk korten tijd uitgestorven; in Azië en Afrika zwerven ook thans nog kudden van deze dieren door de gebergten en hoog gelegen steppen. In Amerika, waar zij uitgestorven waren, zijn zij opnieuw verwilderd; ook in Australië komen reeds verwilderde Paarden voor. Zij voeden zich met gras, kruiden en andere plantaardige stoffen; de tamme Paarden hebben zelfs dierlijk voedsel—b.v. vleesch, visch, Sprinkhanen—leeren gebruiken.

Alle Paarden zijn levendige, wakkere, beweeglijke, schrandere dieren; hunne bewegingen zijn bevallig en statig. De gewone wijze van gaan der in vrijheid levende soorten, is een tamelijk scherpe draf, hun versnelde beweging een betrekkelijk gemakkelijke galop. Vreedzaam en goedaardig tegenover andere dieren, voor zoover deze hun geen kwaad doen, ontwijken zij angstvallig den mensch en de groote Roofdieren, maar verdedigen zich in geval van nood door slaan en bijten moedig tegen deze vijanden.

De dieren van het Paardengeslacht worden verdeeld in twee ondergeslachten: de Paarden (*Equus*) en de Ezels (*Asinus*). Bij gene bereikt het oor ongeveer ¼ gedeelte van de lengte van den kop en is de staart van den wortel af lang behaard; bij deze is het oor langer, (soms zelfs bijna half zoo lang als de kop) en draagt de staart alleen aan de spits lange haren. Bij alle Paarden (in engeren zin) komen aan beide paren ledematen eeltplekken (zwilwratten) voor; aan de voorpooten: één aan het bovenste derde gedeelte van de voorarm en wel aan haar binnenzijde, een andere aan het onderste uiteinde van de pijp; aan de achterpooten: één even onder het spronggewricht aan de binnenzijde, een tweede aan het benedenste gedeelte van de pijp. Bij de Ezels ontbreken de zwilwratten aan de achterpooten, terwijl zij aan de voorpooten aanwezig zijn.

De vermenigvuldiging van deze dieren geschiedt langzaam. Het wijfje werpt na langen draagtijd (48 [389]weken bij de merrie, 52 bij de ezelin) één enkel jong. Hier te lande is de Ezel bronstig in April en Mei, het Paard tusschen het einde van Maart en het begin van Juni.

Minstens twee, waarschijnlijker echter drie soorten van deze familie, zijn door den mensch onderworpen. Geen geschiedverhaal, geen sage maakt melding van den tijd, waarin zij voor 't eerst huisdieren werden; zelfs het werelddeel, waarin de eerste Paarden getemd zijn, kan niemand met zekerheid aanwijzen. Naar men meent, heeft men vooral aan de volken van Middel-Azië het bezit van het Paard als huisdier te danken; ook de halfwilde, voormalige bewoners van Europa hebben wilde Paarden getemd. Betrouwbare gegevens over den tijd, waarin de hulpmiddelen van den mensch zulk een belangrijke uitbreiding ondergingen, en over de volken, die haar voor 't eerst in praktijk brachten, ontbreken ons echter ten eenenmale.

Nog tegenwoordig zwerven in de steppen van Zuidoost-Europa kudden van Paarden rond, die door enkelen beschouwd worden als de wilde stamouders van ons huisdier, door anderen als afstammelingen van tamme Paarden, die tot den wilden staat terugkeerden. Deze dieren, Tarpans genaamd, hebben alle eigenschappen van echte wilde dieren en worden door de Tartaren en Kozakken als zoodanig aangemerkt. De Tarpan is een klein Paard met dunne, maar krachtige, langhielige pooten, tamelijk langen, dunnen hals en betrekkelijk dikken kop; deze is "ramsneuzig" (de rug van den neus is bol), heeft spitse, vooroverhellende ooren en kleine, vurige, boosaardige oogen. Het haar is in den zomer dicht, kort, golvend, vooral aan het achterdeel, waar het bijna gekroesd kan heeten; in den winter daarentegen is het dicht, zwaar en lang, vooral aan de kin, waar het bijna een baard vormt; de manen zijn kort, dicht, ruig en gekroesd; de staart is middelmatig lang. De hoofdkleur van het zomerkleed is gelijkmatig vaalbruin, geelachtig bruin of isabella-geel; in den winter worden de haren lichter, soms zelfs wit; de manen en de staart hebben een gelijkmatige, donkere kleur. Gevlekte exemplaren komen nooit voor, zwarte zelden.

Tarpan. 1/25 v.d. ware grootte.

Men ontmoet de Tarpans in kudden, die uit verscheidene honderden individuën kunnen bestaan. Gewoonlijk bestaat iedere troep weder uit een aantal kleinere gezelschappen of familiën, die elk een hengst tot aanvoerder hebben. Deze kudden bewonen uitgestrekte, open en hoog gelegen steppen en trekken van de eene plaats naar de andere, in den regel in den wind op. Zij zijn buitengewoon waakzaam en schuw, kijken rond met ver omhoog geheven kop, bespieden den omtrek, spitsen de ooren, openen de neusgaten en ontdekken in den regel nog ter rechter tijd het hun dreigend gevaar.

De hengst is alleenheerscher in zijn kring; hij zorgt voor de veiligheid van hen, die aan zijn bescherming zijn toevertrouwd, maar duldt van hen geen afwijkingen van den bekenden regel. Zoodra zijn aandacht getrokken wordt door een of ander verschijnsel, begint hij te snuiven en de ooren snel te bewegen, draaft met omhoog gehouden kop het verdachte voorwerp een eind weegs te gemoet en laat een schel gehinnik hooren, zoodra hij gevaar bemerkt; op dit teeken maakt de geheele kudde zich in gestrekten galop uit de voeten. Dikwijls verdwijnen de dieren als door een tooverslag: zij hebben zich verborgen in de een of andere diepe inzinking van den bodem en wachten hier af, wat de toekomst brengen zal. Voor Roofdieren zijn de weerbare en strijdlustige hengsten niet bevreesd. Op [390]Wolven gaan zij hinnikend af en slaan hen met de voorpooten neder. Het sprookje, dat zij gezamenlijk een kring vormen met de koppen naar 't middenpunt gekeerd en aanhoudend met de achterpooten achteruitslaan, is reeds sinds lang weerlegd.

De Tarpan kan moeielijk getemd worden: het schijnt, dat hij de gevangenschap niet kan verdragen. Zijn buitengewoon levendige natuur, zijne spierkracht en wildheid maken zelfs de bekwaamheden van de in 't paardendresseeren ervaren Mongolen te schande. Wegens de niet geringe schade, die de Tarpan aan de "wilde" stoeterijen toebrengt door het wegvoeren van de Paarden, maakt men met hartstochtelijken ijver jacht op dit dier.

De bovenstaande mededeelingen brengen het vraagstuk van de afstamming van het Paard geen stap nader bij zijn oplossing. Uit de gewoonten van den Tarpan kan men geen bewijzen putten vóór of tegen de stelling, dat dit dier van getemde Paarden afstamt. Dat deze gemakkelijk en spoedig verwilderen, blijkt op overtuigende wijze uit de geschiedenis van de kudden, die steppen van Zuid-Amerika bevolken en die wij nu zullen behandelen.

"De in 1535 gestichte stad Buenos Ayres werd later verlaten," verhaalt AZARA. "De vertrekkende inwoners deden in 't geheel geen moeite om al hunne Paarden bijeen te brengen. Er bleven 5 à 7 van deze dieren achter, die aan zichzelf overgelaten waren. Toen in het jaar 1580 deze stad weder in bezit genomen werd, vond men er reeds een menigte verwilderde Paarden, afstammelingen van de tamme, die er achtergelaten waren. Reeds in het jaar 1596 was het aan iedereen geoorloofd deze Paarden te vangen en te gebruiken. Dit is de oorsprong van de tallooze kudden Paarden, die ten zuiden van den Rio de la Plata rondzwerven." De Cimarrones, zoo noemt men deze Paarden, bewonen thans alle deelen van de Pampas en vormen er talrijke kudden, die soms wel uit duizenden individuën bestaan.

Zij zijn lastig en richten schade aan, niet alleen omdat zij goede weiden kaal vreten, maar ook omdat zij de tamme Paarden met zich medelokken. Gelukkig verschijnen zij des nachts niet. De wilden in de Pampas eten het vleesch van de Cimarrones, vooral dat van de veulens en merries. Ook vangen zij er verscheidene om ze te temmen; de Spanjaarden daarentegen maken er bijna geen gebruik van. Hoogst zelden vangen zij een van deze Paarden met het doel om het te temmen. —

In Paraguay komen geen verwilderde Paarden voor, maar de toestand waarin de Paarden van dit land verkeeren, verschilt niet belangrijk van dien der wilde. Zij worden Mustangs genoemd en zoo verwaarloosd, dat zij merkbaar verbasteren. Zij zijn middelmatig hoog, hebben een grooten kop, lange ooren en dikke gewrichten; alleen de hals en de romp zijn tamelijk regelmatig gebouwd. In den zomer zijn zij kort, in den winter lang behaard; de manen en de staart zijn altijd dun en kort.

De Zuid-Amerikaansche Paarden brengen het geheele jaar onder den blooten hemel door. Éénmaal in de acht dagen worden zij bijeengedreven om te verhoeden, dat zij verstrooid geraken; men onderzoekt en zuivert hunne wonden, bestrijkt deze met koedrek en snijdt van tijd tot tijd, om de drie jaren ongeveer, den hengsten de manen en de staartharen af. Aan de veredeling van deze dieren wordt niet gedacht.

"Gewoonlijk," zegt RENGGER, "leven de Paarden bij troepen in een bepaald gebied, waaraan zij sinds hun jeugd gewoon zijn. Bij iederen hengst voegt men 12 à 18 merries, die door hem bijeengehouden en tegen vreemde hengsten verdedigd worden. De veulens blijven tot in het derde of vierde jaar bij hunne moeders. Deze geven blijken van groote liefde voor haar kroost, zoolang zij het nog zoogen; soms verdedigen zij het zelfs tegen den Jagoear. Wanneer de Paarden een weinig ouder zijn dan 2 of 3 jaar, worden aan de hiervoor uitgekozen jonge hengsten de jonge merries toebedeeld; men gewent iederen hengst er aan met zijn gezelschap een bepaald gebied te beweiden. De Paarden, die tot één troep behooren, mengen zich nooit onder die van andere troepen en toonen zooveel gehechtheid aan elkander, dat het moeite kost een grazend Paard van zijne metgezellen te scheiden. Wanneer de verschillende gezelschappen dooreengemengd worden, zooals bij het samendrijven van alle Paarden van een hoeve geschiedt, zoeken de bijeenbehoorende elkander dadelijk weer op. Niet alleen aan hunne metgezellen, maar ook aan hunne weiden zijn deze dieren zeer gehecht. Ik heb er gezien, die van een afstand van 80 uren gaans teruggekeerd waren naar de vroeger door hen bewoonde plaatsen. Des te zonderlinger is daarom het feit, dat soms de Paarden van een geheel district zich op weg maken, en één voor één of bij troepen wegloopen. Dit gebeurt hoofdzakelijk, wanneer na droog weder plotseling hevige regenbuien vallen, waarschijnlijk ten gevolge van de vrees, die deze dieren hebben voor den hagel, die niet zelden met het eerste onweder gepaard gaat.

"De zintuigen van deze nagenoeg in 't wild levende dieren zijn, naar het schijnt, scherper dan die van de Europeesche Paarden. Het gehoor is buitengewoon fijn; des nachts kan men aan de beweging van hunne ooren zien, dat zij het geringste, voor den ruiter volkomen onhoorbare gedruisch hebben opgemerkt. Hun gezichtsvermogen is, evenals bij alle Paarden, tamelijk zwak, hoewel zij gedurende het leven in de vrije natuur door oefening een groote vaardigheid verkrijgen in het onderscheiden van voorwerpen op aanzienlijken afstand. Door middel van hun reukzin leeren zij de omgeving kennen. Zij besnuffelen alles, wat hun vreemd voorkomt. Door dezen zin leeren zij hun berijder, het tuig, den stal waar zij gezadeld worden, enz. onderscheiden, door hem weten zij in moerassige streken de plaatsen te vinden, waar zij zouden verzinken; in den donkeren nacht of bij dichten nevel wijst hij hun den weg naar hunne woonplaatsen of naar hun weide. Goede Paarden besnuffelen hun berijder op 't oogenblik, dat hij in den zadel stijgt; ik heb er wel gezien, die hem in 't geheel niet op den rug toelieten of zich niet door hem lieten sturen, als hij niet een 'poncho' medenam, een mantel, zooals altijd gedragen wordt door de landlieden, die Paarden temmen en voor 't rijden africhten. Op grooten afstand ruiken zij trouwens niet. Zelden heb ik een Paard gezien, dat op 50 schreden afstands de lucht kreeg van een Jagoear. Daarom vormen zij in de bewoonde gewesten van Paraguay den gewonen buit van dit Roofdier."

Het leven van de verwilderde Paarden in de verder noordwaarts gelegen Llanos heeft ALEXANDER VON HUMBOLDT ons in korte woorden op meesterlijke wijze geschilderd: "Wanneer in den zomer onder de loodrecht invallende stralen van de nooit door wolken omsluierde zon het grastapijt van deze onmetelijke vlakten geheel en al verdroogd en in poeder veranderd is, ontstaan er langzamerhand diepe kloven in den bodem, alsof hij door geweldige aardschokken was opengespleten. [391]In dichte stofwolken gehuld, door honger en een brandenden dorst gekweld, zwerven de Paarden en Runderen rond, gene met languitgerekten hals en met den hoogopgeheven neus den hen te gemoet ijlenden wind opsnuivend om uit de vochtigheid van den luchtstroom de nabijheid van een nog niet geheel verdampten plas af te leiden. Op een andere wijze, met meer overleg en sluwheid, trachten de Muildieren hun dorst te lesschen. Een bolvormige plant met vele overlangsche groeven aan haar oppervlakte, de meloen-cactus, verbergt onder een stekelig hulsel een veel water bevattend merg. Met de voorpooten slaat het Muildier de stekels weg om het koele distelsap te drinken. Het putten uit dezen levenden plantaardigen bron geschiedt echter niet altijd zonder gevaar: dikwijls ziet men dieren, die door de cactusstekels aan de hoeven verlamd zijn. Ook dan wanneer eindelijk op de brandende hitte van den dag de koelte van den even langen nacht volgt, kunnen de Paarden en Runderen geen ongestoorde rust genieten. De Bladneuzige Vleermuizen vervolgen hen gedurende den slaap en hangen zich aan hun rug om hun bloed te zuigen.

"Eindelijk, als na langdurige droogte de verkwikkelijke regentijd aanbreekt, komt er verandering van tooneel. Nauwelijks is de oppervlakte van den bodem bevochtigd, of het heerlijkste groen bedekt de steppe. De Paarden en Runderen zwelgen in vroolijk levensgenot. In het hoog opschietende gras verschuilt zich de Jagoear en overmeestert met vasten sprong menig Paard, menig veulen. Weldra zwellen de stroomen en dezelfde dieren, die gedurende een deel van 't jaar van dorst versmachten, moeten als Amphibiën leven. De merriën zoeken met hare veulens een schuilplaats op de hooggelegen banken, die, in de lengte gerekt, zich als eilanden boven den waterspiegel van het meer verheffen. Met iederen dag wordt het droog gebleven terrein kleiner. Uit gebrek aan weideplaatsen zwemmen de dicht opeengedrongen dieren uren lang rond en vinden een karig voedsel in de bloeiende graspluimen, die zich boven het gistende, bruin gekleurde water verheffen. Vele veulens verdrinken, vele worden door de Krokodillen gegrepen, met den staart doodgeslagen en verslonden. Niet zelden ziet men Paarden, die groote litteekens, kenteekenen van den aanval der Krokodillen, aan de pooten hebben. Ook onder de Visschen hebben zij een gevaarlijken vijand. Het water van het moeras is bevolkt met talrijke Electrische Alen. Deze merkwaardige Visschen zijn in staat om met hunne geweldige electrische schokken, de grootste dieren te dooden, wanneer zij hunne batterijen tegelijkertijd in een gunstige richting ontladen. De weg; door de steppe aan de Uri Tucu moest opgegeven worden, omdat de Sidderalen zich in zulk een menigte in een riviertje hadden opgehoopt, dat ieder jaar vele Paarden door hen verdoofd werden en bij het doorwaden van het stroompje verdronken."

Een nog veel gevaarlijker vijand hebben de kudden in zich zelf. Soms worden zij door een panischen schrik bevangen. Bij honderden en duizenden ijlen zij als razenden voort, laten zich door geen hindernissen tegenhouden, rennen tegen rotsen aan of vallen zich te pletter in afgronden. Plotseling verschijnen zij in het kamp van de in 't open veld overnachtende reizigers, vervolgen hun weg tusschen de wachtvuren door, over de tenten en wagens heen, vervullen de lastdieren met een doodelijken schrik, rukken ze los en nemen hen op in den levenden stroom — voor altoos. Verder noordwaarts komen de Indianen het aantal vijanden vermeerderen, die het leven van de wilde Paarden verbitteren. Zij vangen ze op, om ze gedurende hunne jachttochten te berijden, en mishandelen ze zoo erg, dat zelfs het krachtigste Paard na korten tijd bezwijken moet. Evenals bij de Bedoeïnen van de Sahara geeft ook bij de Indianen het Paard dikwijls aanleiding tot bloedige gevechten. Hij, die geen Paarden heeft, tracht ze te stelen. Paardendiefstal wordt bij de Roodhuiden als een eervol bedrijf aangemerkt. Benden van dieven volgen de trekkende stammen of karavanen weken lang, totdat zij de gelegenheid vinden om alle rijdieren mede te nemen. Ook om hunne huiden en hun vleesch worden de Paarden in Amerika ijverig vervolgd.

Een beschrijving of zelfs een eenvoudige opsomming van de bijna tallooze rassen of stammen van het Paard (*Equus caballus*), die onder den invloed van den Mensch ontstaan zijn, behoort niet in het kader van dit werk. Bovendien bestaan er voortreffelijke, uitvoerige werken speciaal over dit onderwerp. Het is voor ons doel voldoende de belangrijkste rassen te behandelen. Gewoonlijk worden zij in twee groepen gerangschikt: de Oostersche en de Westersche rassen. De Oostersche rassen behooren oorspronkelijk thuis in Azië en Afrika, vooral in de landen van de gematigde zone dezer werelddeelen, zooals blijkt uit de namen die aan de vier hoofdafdeelingen van deze groep gegeven zijn: het Barbarijsche of Berber-ras, het ras der Nijllanden, het Arabisch-Perzische ras en het Mongoolsch-Tartaarsche ras. Tot het laatstgenoemde worden, behalve de Paarden van een groot deel van Midden-Azië, ook de "slagen" gerekend, die in het oosten van Europa tot aan de grenzen van Duitsch-Oostenrijk en Pruisen het meest algemeen verbreid zijn. Tot het Berber-ras behooren o.a. sommige slagen van Zuid-Spanje (o.a. het vermaarde Andalusische), waarvan weer een groot deel van de Paarden der Nieuwe Wereld, o.a. die van Mexico, afstammen.

De eere-plaats onder alle paarden-stammen verdient ook thans nog het Arabische Volbloed-Paard. (Een Paard heet "volbloed", wanneer al zijne voorouders zonder eenige uitzondering, naar uit authentieke bescheiden moet blijken, gedurende een lange reeks van geslachten de kenmerkende eigenschappen van een en hetzelfde ras in zich vereenigden, en dus van zuiver ras waren. Om het ras zuiver te houden moet ieder Paard steeds met zijne gelijken paren en moet ieder exemplaar, dat storende afwijkingen vertoont, als fokdier niet in aanmerking komen. "Half-bloed"-Paarden ontstaan door kruising van Volbloed-Paarden, die in dit geval gewoonlijk "ras"-Paarden worden genoemd, met andere Paardenslagen; terwijl "Koudbloed"-rassen in 't geheel geen Volbloed-Paarden onder hunne voorouders tellen.) "Het Volbloed-Paard", schrijft Graaf-WRANGEL, "heeft geen edeler vertegenwoordiger dan het Arabische Paard van zuiver ras, dat, daar het op de grens tusschen de natuurlijke en de door de kultuur verkregen rassen staat, zoowel door den natuuronderzoeker als door den paardenkenner en — den dichter als het edelste dier van de schepping geprezen wordt."

Volgens de algemeen door de Arabieren gestelde eischen, moet het edele Paard de volgende eigenschappen in zich vereenigen: een geëvenredigde lichaamsbouw, korte en beweeglijke ooren, zware, maar toch sierlijke beenderen, een vleeschloos gelaat, neusgaten "zoo wijd als de muil van den Leeuw", fraaie, donkere, uitpuilende oogen, "met een uitdrukking gelijk aan [392]die van een liefhebbende vrouw," een fraai gebogen en langen hals, breede borst en breed kruis, smallen rug, ronde achterschenkels, zeer lange ware en zeer korte valsche ribben, een ingesnoerde romp, lange bovenschenkels, "zooals die van den Struis zijn", met spieren, "zooals het Kameel ze heeft," een zwarten, eenkleurigen hoef, fijne, niet zeer gevulde manen en een rijk behaarden staart, dik aan den wortel en dun in de nabijheid van de spits. Het moet vierderlei lichaamsdeelen breed hebben: het voorhoofd, de borst, het achterdeel en de ledematen; vierderlei lichaamsdeelen moeten lang zijn: de hals, de voorarm, de buik en de dij, vierderlei lichaamsdeelen daarentegen kort: de lendenen, de ooren, de kooten en de staart. Deze eigenschappen bewijzen, dat het Paard van een goed ras is en snel loopt; want het gelijkt dan door zijn lichaamsbouw "op den Windhond, de Duif en het Kameel te zamen."

In de 18e levensmaand begint de opvoeding van het edele dier. In 't eerst tracht een knaap het te berijden. Het leidt het naar de drinkplaats, naar de weide, maakt het schoon, kortom voorziet in al zijne behoeften. Beide leeren te gelijker tijd: de knaap wordt een ruiter, het Paard een rijdier. Nooit echter zal de jonge Arabier van het veulen, dat hem is toevertrouwd, te veel eischen, nooit er werkzaamheden van vergen, die het niet verrichten kan. Op iedere beweging van het dier wordt acht geslagen, het wordt zachtmoedig en liefderijk behandeld, hoewel men geen ongehoorzaamheid en boosaardigheid duldt. Eerst wanneer het Paard zijn tweede levensjaar volbracht heeft, legt men het een zadel op; na afloop van het derde jaar gewent men het er langzamerhand aan, al zijne krachten in te spannen. Eerst wanneer het zeven jaar oud geworden is, beschouwt men zijn opvoeding als afgeloopen; daarom zegt het Arabische spreekwoord: "Zeven jaar voor mijn broeder, zeven jaar voor mij en zeven jaar voor mijn vijand."

De Arabieren onderscheiden vele familiën in hunne Paarden; ieder gewest, ieder volk beroemt zich op die, welke het bezit. In Arabië rangschikt men deze dieren ook thans nog in 21 "bloedstammen" of familiën, van welke de vijf belangrijkste onder den naam "Khamsa" samengevat worden: deze heeten van de vijf merriën van SALOMO af te stammen. De oudste en edelste van deze vijf familiën heet "Kehilan" of "Kochlani". Vermakelijk is het te luisteren naar den lof, die over een bijzonder edel Paard verkondigd wordt. "Zeg niet, dat het mijn Paard is, noem het mijn zoon! Het loopt sneller dan de stormwind, sneller nog dan de blikken over de vlakte waren. Het is zoo zuiver van ras als goud. Zijn oog is zoo scherpzichtig, dat het in het duister een haar kan onderscheiden. Het achterhaalt de gazelle. Tot den arend zegt het: Ik beweeg mij zoo snel als gij! Als zijn oor het jubelen der meisjes verneemt, hinnikt het van vreugde en bij het fluiten der kogels springt zijn hart op van blijdschap. Uit de hand der vrouwen neemt het aalmoezen aan, den vijand slaat het met de hoeven in 't aangezicht. Als het loopen kan zooveel het begeert, storten zijne oogen tranen. Hetzij de hemel klaar is, of de stormwind het licht der zon door stofwolken verduistert, 't is alles om 't even; dit Paard is een edel dier, dat het woeden van den storm veracht. In deze wereld is er geen, die het evenaart. Snel als de Zwaluw ijlt het voort; het is zoo licht, dat het op de borst van uw geliefde zou kunnen dansen, zonder haar lastig te zijn. Zoo zacht draaft het, dat gij gedurende den snelsten draf op zijn rug zittend een kop koffie kunt drinken, zonder een druppel te spillen. Het begrijpt alles, wat een zoon van Adam begrijpt; alleen door het gemis van de spraak verschilt het van dezen."

In Engeland wordt tegenwoordig aan de paardenfokkerij niet minder zorg gewijd dan in het Oosten. Nog geen tweehonderd jaar geleden fokten de Spanjaarden en Italianen veel beter Paarden dan de Engelschen; deze zijn echter sedert dien tijd evenveel vooruitgegaan als gene achteruitgingen. De vroeger zoo beroemde Andalusische en Polesina-rassen bestaan niet meer, terwijl daarentegen het Engelsche Volbloedras (*thorough-breed, racing breed*) als het uitstekendste lid van het Westersche of Europeesche hoofdpaardenras wordt beschouwd. Alleen door paring van individuën, die verschillende uitnemende eigenschappen bezitten, kunnen wezens ontstaan, waaraan deze eigenschappen vereenigd voorkomen, en alleen als deze wezens met huns gelijken paren kan men verwachten, dat hunne afstammelingen onverbasterd zullen blijven. Voor het verkrijgen en zuiver houden, van een uitmuntend paardenras is dus een zorgvuldige keuze van fokdieren noodig. Al sinds lang legt men zich in Engeland toe op het fokken van Paarden, die door een buitengewone snelheid op de renbaan kunnen schitteren. Het Engelsche Volbloedpaard is een product van dit streven. De eerste gebeurtenis, die voor de geschiedenis van dit ras belangrijk zou worden, was, dat JACOBUS I (1603—1625) eerst eenige Arabische, later ook eenige Turksche hengsten en merriën naar Engeland liet komen, om gebruikt te worden als renpaarden en voor het veredelen van de inlandsche paardenslagen. KAREL II (1603—1625) volgde dit voorbeeld en schafte zich toen Oostersche merriën (*the royal mares*) benevens eenige Oostersche hengsten aan. Het vaderland van deze merries is twijfelachtig. SCHWARZNECKER vermoedt, dat zij uit Barbarije en Turkije afkomstig waren. Bij dit fokmateriaal kwamen later nog eenige Oostersche hengsten, waarvan vooral drie beroemd zijn geworden als stamvaders van vele vermaarde renpaarden. Deze zijn: DARLEYArabian (1714)—een uit de woestijn van Palmyra afkomstige, door DARLEY te Aleppo gekochte Arabische hengst, de vader van Flying Childers, het paard dat 1 Eng. mijl (1610 M.) in de minuut aflegde, en dat, op deze wijze dag en nacht doorrennend, in 17 etmalen den evenaar rondgeloopen zou zijn; deze was de overgrootvader van Eclipse (den stamvader van den Eclipse-stam), die in 3 seconden 7 sprongen van 25 voet deed—, GODOLPHIN's Berber—wiens afstammelingen den Matchem-stam vormen—, BYERLEY's Turc—waaruit de Herodes-stam is voortgesproten, zoo genoemd naar het renpaard Herodes, die zijn eigenaar een winst van ruim 2½ millioen gulden op de wedrennen verschafte. Ieder Volbloedpaard moet, om als zoodanig erkend te worden, ingeschreven zijn in het in 1791 aangevangen *General Stud-book*, hetgeen alleen geschiedt, als zijn stamboom geen andere voorouders aanwijst, dan Paarden, die in dit register voorkomen. Het Engelsche Volbloedpaard heeft een kleinen kop, een langen hals, die meestal gestrekt wordt gedragen; het staat dikwijls hoog op de pooten, heeft sterk ontwikkelde achterschenkels, een duidelijk zichtbaar spierstelsel en breede, stevige pezen. Hoewel dit ras door ieder onbevangen beoordeelaar minder schoon wordt genoemd dan het Arabische, wijl bij het Engelsche paard het streven naar doelmatigheid meer op den voorgrond stond dan het zoeken van een harmonieuzen lichaamsbouw, is het toch wat grootte, sterkte, snelheid [393]en geschiktheid voor acclimatisatie betreft, ver boven het Arabische Volbloedpaard verheven; terwijl het als fokdier voor de vorming van uitmuntende rij- en tuigpaarden zijns gelijken niet heeft. Terecht noemt men het dan ook: "de edelste Europeesche stamgenoot van het Arabische paard. Vele paardenkenners beweren, dat het verschil tusschen beide rassen eenvoudig veroorzaakt is door gewijzigde levensomstandigheden en dat het Engelsche Volbloedpaard onvermengd Oostersch bloed in zijne aderen heeft. Het stamregister van dit ras levert echter het onomstootelijk bewijs, dat er geen enkel Volbloedpaard is, in wiens stamboom zoowel aan vaders- als aan moederszijde geen andere dan Oostersche voorouders voorkomen." Het volbloedpaard is niet anders "dan een door voortdurende reinteelt voortgebracht product van de wedrennen van de voorbereiding hiervoor (*training*) en van de door deze beide factoren bepaalde zorgvuldige keuze van fokdieren, verzorging en voeding." Zoowel door zijn lichaamsvorm als door zijne vermogens munt het hedendaagsche Volbloedpaard in alle opzichten boven zijne voorouders uit; het kan een hoogte van 1.75 en meer bereiken. (De hoogte van het Arabische Paard bedraagt 1.5 à 1.6 M.) De gestalte is edeler en, wat de verhoudingen betreft, evenrediger geworden. — Het Engelsche Volbloedpaard wordt voor het veredelen van andere rassen naar alle door Europeanen bewoonde landen van de wereld uitgevoerd.

Renpaard (Engelsch Volbloedras). 1/21 v.d. ware grootte.

De derde vertegenwoordiger van het Volbloedras is het Angloarabische of Gemengd Volbloedpaard, ontstaan door kruising van het Engelsche en het Arabische Volbloedpaard, welke kruising eerst in den laatsten tijd heeft plaats gehad.

Veel talrijker dan de Volbloedrassen zijn de Halfbloedslagen. Deze ontstaan door kruising van Volbloedfokpaarden met merries of hengsten van de gewone Westersche landslagen. Dit geschiedt op groote schaal in zoogenaamde stoeterijen, die aan den Staat, aan een vereeniging of aan particulieren behooren. De staats- of hoofdstoeterijen hebben ten doel een voor de behoeften van het land geschikt, edel, rein paardenras voort te brengen. In Pruisen zijn er drie; de belangrijkste van deze is die te Trakehnen, bij Gumbinnen in Oost-Pruisen, waar 360 halfbloed-merries worden gehouden. Zij werd in 1732 door FRIEDRICH WILHELM I opgericht, met het doel om voor zijn privaat gebruik goede Paarden te verkrijgen, en heeft er veel toe bijgedragen om aan de paardenfokkerij in Pruisen een goede richting te geven, en om het tot aan dien tijd zeer verwaarloosde Oud-Pruisische paardenslag op een oordeelkundige wijze te veredelen. Vóór het begin van de vorige eeuw bepaalde men zich er toe, Paarden te fokken, zonder zich toe te leggen op de veredeling van het ras. Waarschijnlijk stond dus destijds overal in Duitschland de paardenfokkerij op een lager standpunt dan in de Middeleeuwen; daar toen, zooals bekend is, een veel drukker handelsverkeer tusschen het Oosten en Westen bestond dan in latere tijden, met uitzondering van den tegenwoordigen tijd. Door gebruik te maken van Arabische en Engelsche Volbloedpaarden heeft de Trakehner zich langzamerhand ontwikkeld tot een fokras, dat zich door een goed gevormden kop, een fraai aangezetten hals, een gedrongen romp met rechten rug, een langwerpig rond kruis, tamelijk breede borst, zeer krachtige ledematen, als ook door snelheid onvermoeidheid en soberheid onderscheidt. Vooral voor het leveren van cavalerie- en koetspaarden is het uitnemend geschikt. — Staatsstoeterijen heeft Pruisen bovendien nog te Graditz bij Torgau (Saksen) en in Beberbeck [394]bij Hofgeismar (Hessen). Deze inrichtingen leveren ook een groot deel van de dekhengsten ten behoeve van den landbouw, die in de "landsstoeterijen" bewaard, en gedurende den dektijd over de verschillende districten verdeeld worden. — Ook in andere Duitsche landen (Beieren, Wurtemberg, Brunswijk, Lippe), oefent de regeering op dezelfde of soortgelijke wijze als in Pruisen, grooten invloed uit op de paardenfokkerij. Anders is het gesteld in Hannover, Oldenburg, Mecklenburg en Holstein, waar door de landbouwers uitstekende halfbloedslagen worden gefokt. Het Oldenburger (Bovenlandsche) Paard is ook hier te lande gunstig bekend, vooral als tuig- of koetspaard; het is sterk en meer dan middelmatig groot (1.75 à 1.85 M. hoog). Soortgelijk, doch iets edeler van vorm, zijn de Hannoversche en Holsteinsche paarden. — Verder behooren nog tot deze afdeeling: in Oostenrijk het Lippizaner en het Kladruber slag, die met het Spaansche halfbloedslag, den Andalusiër, nauw verwant zijn; in Frankrijk het Anglo-normandische en het Anglo-bretonsche slag; de Russische Orlowdravers, die in de stoeterijen Khränowoy en Padu, in het gouvernement Woronesch gefokt worden, stammen af van een Arabischen hengst en een Hollandsche merrie, [evenals de Engelsche Norfolk-dravers, van een Engelschen

Volbloedhengst een Friesche merrie]; andere Russische halfbloedpaarden zijn sommige slagen van Donsche en Tscherkessische paarden. Door kruising van Engelsche Volbloedhengsten en merries van het Yorkshire-landslag (ook wel Cleveland-bruinen genaamd, naar de streek waar zij het meest gefokt werden), ontstond het Engelsche Jachtpaard (*Hunter*), dat zich door een sterkeren lichaamsbouw en kortere pooten van het Engelsche Volbloedpaard onderscheidt, en dus een grooter gewicht kan dragen, maar er door kop en hals mede overeenkomt; kleiner is het Engelsche halfbloed koetspaard (*Hackney* of *Hack*) en nog kleiner (ongeveer 1.4 M. hoog), de voor 't zelfde doel dienende *Cob*. Van de Noord-Amerikaansche paarden behooren tot deze afdeeling sommige slagen van Sneldravers (*Trotter*). De Paarden van de hier genoemde slagen zijn, zooals te verwachten is, zeer verschillend, zoowel wat lichaamsbouw als wat geschiktheid betreft. Er zijn lichte, middelmatige en zware dieren onder; vele zijn uitmuntende rij- of wagenpaarden, andere sterke werkpaarden; verscheidene onderscheiden zich door een zeer groote trekkracht.

Tot de derde afdeeling, die der Koudbloedige rassen, genaderd, zijn wij het best in de gelegenheid iets te zeggen van de in Nederland thuis behoorende paarden. "Evenals de meeste Europeesche landen," zegt REINDERS, "bezit Nederland eigenlijk een groot mengelmoes van Paarden. Men wil, dat daaronder drie typen voorkomen, die men gewoonlijk als het Friesche, het Geldersche en het Zeeuwsche ras onderscheidt. Het meest verbasterd (door kruising met andere rassen gewijzigd) is daarvan wellicht 't Zeeuwsche, maar van de beide andere gaat het dikwijls moeilijk een exemplaar van de echte type, van 'het echte ras' te vinden. Twee andere typen zouden wellicht nog daarbij gevoegd kunnen worden, die van Holland en Utrecht, maar nog meer dan in andere provinciën heeft hier verbastering plaats gehad.

Trakehner. 1/25 v.d. ware grootte.

"Het Friesche Paard, in de provinciën Groningen, Friesland en Drente, maar door uitvoer naar Noord- en Zuid-Holland ook in deze provinciën niet zeldzaam, werd voorheen onder dezen naam naar alle streken van Europa uitgevoerd, inzonderheid naar Rome en Madrid, waar het als staatsiepaard een grooten naam had. Ook thans nog is het als koetspaard in het buitenland gezocht. Jaarlijks gaat onder anderen een zeker aantal zwarte hengsten van dit ras naar Engeland om daar voor de lijkkoetsen dienst te doen. Hun schoone vorm, hun verheven gang en hunne sterke beenen maken hen daarvoor uitermate geschikt. Van al de Nederlandsche Paarden is het Friesche Paard het grootst hoewel niet meer zoo groot als voorheen. Het Friesche Paard heeft ook naam als harddraver, maar bezit deze eigenschap meer door aanleg dan wel tengevolge van de keuze bij het aanfokken, gelijk bij het Engelsche Renpaard [395]het geval is. Ook als harddraver werd het vroeger veelvuldig uitgevoerd en met andere rassen gekruist.

"Het Geldersche Paard, nog het meest oorspronkelijk in de Betuwe, is kleiner dan het Friesche. Het is meer rij- dan trekpaard en om zijne verhevene bewegingen gezocht als cavaleriepaard; de zwaardere exemplaren zijn ook goede trekpaarden. De goede eigenschappen van het Geldersche Paard worden toegeschreven aan een kruising van het oorspronkelijke inlandsche met het Andalusische Paard in den Spaanschen tijd.

"Het Zeeuwsche Paard is zwaar en meer of minder plomp van vorm. Het is sterk, maar niet zeer schoon, wel geschikt voor ploeg- of werkpaard, maar wegens zijn moeilijke beweging minder gepast als tuigpaard."

De talrijke in Nederland voorkomende vreemde Paarden behooren voor een groot deel hetzij tot Duitsche slagen of tot het Vlaamsche of het Ardenner ras, die beide in België en in de aangrenzende Fransche departementen gefokt worden; de Ardenners zijn meestal roodschimmels; het zijn sterke gebergtepaarden, waarvan een grooter en een kleiner slag bestaat; hier te lande heeft men meestal het zware slag; het meestal zwarte Vlaamsche Paard is grooter, gemiddeld 1.8 M. hoog in de schouders, nog iets hooger in het kruis, met eenigszins ingezonken rug; het heeft een breed gespleten kruis evenals het nauw verwante, iets kleinere en meer gedrongen gebouwde Brabantsche Paard. Het ras der Percherons, zoo genoemd naar het Fransche landschap Perche (Dep[n] Eure et Loire en Orne), komt in twee hoofdverscheidenheden voor, als middelsoort rij- en tuigpaard en als zwaar trekpaard; meestal zijn het schimmels met kleinen, edelen kop, fijn manenhaar, hoog, meestal gespleten kruis en korte, krachtige ledematen. Verwant hieraan zijn de Boulognezer Paarden. De Clydesdalers zijn zware Engelsche landbouwpaarden. Nog grooter zijn de Engelsche Karrepaarden (Dray-horse, 1.9 à 1.94 M. schouderhoogte), die men wel eens "Olifantspaarden" noemt, en die, ondanks hun kolossalen omvang, goed geproportioneerd zijn en zich gemakkelijk bewegen; naar men zegt, stammen zij af van Paarden, die uit Holland werden ingevoerd en welker nakomelingen door goede verzorging en doelmatige keuze van fokdieren veredeld zijn; zij worden o.a. voor het trekken van de bierwagens gebruikt. Het Norische ras heeft zijn hoofdzetel in de Oostenrijksche Alpen (Salzburg, Tirol, enz., tot aan het westelijke deel van Hongarije); het sterkste en grootste van de vele, hiertoe behooren de slagen is het Pinzgauer Paard; het kleinste, de door karige voeding en ruw klimaat ontaarde Hafflinger Hit in de omstreken van Bozen. Voorts verdienen nog vermelding het Jutlandsche of Deensche Paard en het Russische Bitjug-Paard. In de Hongaarsche paardenslagen, die wegens hun volharding voor gemakkelijke cavalerie-diensten uitnemend geschikt zijn, is een Oostersch type zichtbaar: zij zijn nauwelijks middelmatig groot, hebben een zwaren kop, een eenigszins verlengden romp, een recht kruis en krachtige, droge ledematen.

In Hongarije, Zuid- en Oost-Rusland, Roemenië en andere landen met geringe bevolkingsdichtheid en uitgestrekte weidegronden heeft het paardenfokken meestal plaats in zoogenaamde "wilde" of "half-wilde" stoeterijen: in gene worden de Paarden gedurende het geheele jaar aan zichzelf overgelaten; de hier geboren Paarden zijn zeer duurzaam, krachtig en sober, maar nimmer zoo schoon als die, welke onder toezicht van den mensch geboren en grootgebracht worden, vooral omdat op de kruising door den mensch weinig of geen invloed wordt geoefend. Dit is nog wel eenigszins het geval in de "half-wilde" stoeterijen, waar, evenals in de Zuid-Amerikaansche Llanos, in den bronsttijd aan elken hengst een bepaald aantal merries worden toebedeeld, of waar, zooals in vele Oost-Europeesche landen geschied, de Paarden wel van de lente tot den herfst in vrijheid leven, maar 's winters in stallen gehouden worden. Deze vormen een overgang tot de reeds genoemde "tamme stoeterijen", waar stamboeken gehouden worden, die de afstamming, den ouderdom en bijzondere kenteekenen van ieder ingeschreven Paard vermelden; hier heeft de voedering plaats in stallen 's winters en op de weiden (afzonderlijk voor de hengsten en merriën) gedurende den zomer.

Paardenrassen van in 't ooglopende kleinheid, welker schouderhoogte in volwassen toestand minder dan 1.4 M. bedraagt, worden Ponies genoemd. Het kleinste Paard, de Schotlandsche Pony of Hit, die gevulde, langharige manen en een ruigen staart heeft, is dikwijls slechts 90 cM., soms niet meer dan 85 cM., enkele malen zelfs maar 82 cM. hoog en dus niet grooter dan enkele rassen van Honden. Wanneer zij grooter zijn 1.20 M. noemt men ze Dubbele Hitten of Ketten. In Engeland bestaan, behalve het genoemde Ponyras, nog die van Wales, Exmoor (in het Schotsche Hoogland) en New-Forest. Ook in andere landen komen Pony's voor, o.a. in Noorwegen en Zweden, op IJsland en Corsika. Iedere bezoeker van de Amsterdamsche diergaarde kent de Javaansche Paardjes. Opmerkelijk is trouwens bij alle Indische Paarden de geringe grootte.

Een hoogte van 1.3 M. is reeds buitengewoon, in den regel wisselt deze af tusschen 95 en 125 cM. Het beste Indische Paard is het Macassaarsche, dat gewoonlijk als cavalerie-paard voor het O.I. leger dient. Ook de Hitten uit de bergstreken van Timor worden zeer geroemd.

De Oostersche paardenrassen vertoonen over 't algemeen veel minder verscheidenheid van vorm dan de Westersche; het is gemakkelijker van gene een algemeen beeld te ontwerpen dan van deze. "Een Berberpaard," zegt WILCKENS, "verschilt slechts weinig van een Arabisch-Perzisch Paard, en zelfs het gewone Tartaarsche Paard vertoont in vorm veel overeenkomst met den Arabischen Volbloed. Daarentegen merkt men bij onderlinge vergelijking van de Westersche paardenrassen een buitengewone verscheidenheid van vorm op, die het voor den oppervlakkigen beoordeelaar onbegrijpelijk maakt, dat deze zoo uiteenwijkende dieren tot een en dezelfde soort gerekend worden; inderdaad, wanneer men b.v. het kolossale Engelsche Karrepaard, of zelfs het Suffolk-paard naast een Shetlandsche Pony, of een voor den renbaan gefokt Engelsch Volbloed-paard naast een Vlaamsch of een Pinzgauer Paard plaatst, welk een in 't oog loopend verschil! Ongetwijfeld is zoowel de groote overeenstemming van den vorm der Oostersche Paarden als de groote verscheidenheid van vormen der Westersche een gevolg van den invloed van het klimaat en van de levenswijze op de ontwikkeling dezer dieren. Omdat eenerzijds het klimaat in de steppen van Afrika en Azië (en zelfs in Zuid-Rusland, Hongarije en Galicië) gelijkmatiger is, dan anderzijds dat in Engeland en Zuid-Frankrijk, in Denemarken en de [396]Alpen, omdat het Oostersche Paard op gelijkaardiger wijze gevoed en gebruikt wordt dan het Westersche, zijn de leden van het eerste hoofdras meer aan elkander gelijk en is dit ras armer aan variëteiten. De zeer verschillende wijze van voeding van het Westersche Paard en zijn geschiktheid tot zeer uiteenloopende werkzaamheden zijn een uitvloeisel van den hoogeren trap van beschaving en van den vooruitgang op industrieel gebied van de Westersche volken."

Het tamme Paard is tegenwoordig bijna over den geheelen aardbol verspreid. Het ontbreekt alleen in de koudste landstreken en op verscheidene eilanden, waar de mensch dezen helper nog niet noodig heeft.

Het veulen heeft bij de geboorte de oogen geopend en is behaard; weinige minuten later kan het staan en gaan. Men laat het ongeveer 5 maanden lang zuigen, ronddartelen en spelen en speent het dan. In het eerste jaar draagt het een wollig haarkleed, korte, overeindstaande gekroesde manen en een dergelijken staart, in het tweede levensjaar worden de haren glanziger, de manen en de staartharen langer en sluiker. Later kan men de leeftijd vrij nauwkeurig bepalen door acht te geven op de snijtanden. Bij de geboorte zijn de spitsen van drie kiezen in elke kaakhelft zichtbaar, soms ook de middelste snijtanden (grasbijters) van onder- en bovenkaak, die in allen gevalle binnen de twee eerste weken na de geboorte zich vertoonen. De volgende snijtanden (middeltanden) komen op den leeftijd van 2 à 6 weken, de buitenste (hoektanden) 5 à 9 maanden na de geboorte. Dan is het veulen- of melkgebit volledig. Al deze tanden vallen op een bepaalden leeftijd uit, om voor de blijvende- of paardentanden plaats te maken. De "melksnijtanden" zijn zuiver wit, schopvormig en met een hals voorzien, in tegenstelling met de geelachtige, beitelvormige, aan de voorzijde gegroefde "paarden-snijtanden." De tandwisseling begint op 2½ à 3-jarigen leeftijd: dan wisselen de grasbijters; hetzelfde geschiedt met de middeltanden, als het dier 3½ à 4, met de "hoektanden" (buitenste snijtanden) als het 4½ à 5 jaar oud is. In de 10e à 12e levensmaand krijgt het veulen de 4e, op 2- à 2½-jarigen leeftijd de 5e, en als het 4 à 5 jaar oud is, de 6e kies. De drie eerste melkkiezen wisselen tusschen 2½ en 3 jaar. Bovendien komt bij het mannetje geregeld, bij het wijfje bij uitzondering op 4- à 5-jarigen leeftijd, tusschen de snijtanden en de kiezen in elke kaakhelft een haaktand (hoektand) te voorschijn, ten teeken, dat de ontwikkeling van het dier is afgeloopen. Na het vijfde jaar let men, om de ouderdom van het dier te kennen, op het merk in de snijtanden, dit is een zwartachtig bruine holte ter grootte van een linze op de afgesleten kroonvlakte. Dit merk verdwijnt door afslijting aan de grasbijters van de onderkaak op den leeftijd van 5 of 6 jaar, aan de middeltanden in het zevende, aan de hoektanden in het achtste jaar; vervolgens verdwijnt in dezelfde volgorde het merk van de bovenkaakssnijtanden, totdat in het elfde of twaalfde jaar alle merken verdwenen zijn. Met toenemenden leeftijd verandert ook allengs de gedaante der tanden: zij worden des te smaller, naarmate zij ouder worden.

De Paarden kunnen éénkleurig zijn of een gemengde haarkleur hebben. De éénkleurige zijn: vaal of isabelkleurig (lichtgeel of goudgeelachtig), voskleurig (naar rood of kaneelkleur zweemend; flauw rosachtig heet "koeharig", "brandvossen" zijn meer roodachtig, "zweetvossen" van lichteren tint), bruin (kastanjebruin en wel licht goudgeelachtig of donker), zwart (gitzwart of moorzwart, vuilzwart). Bij bruine of vale Paarden zijn de manen, de staart en de onderste deelen der pooten meestal zwart; bij de zwarte en witte zijn zij van dezelfde kleur, bij voskleurige nu eens van dezelfde, dan weer van een lichtere of donkerder kleur. Een zwarte streep over den rug, van de manen tot den staart, heet een "aalstreep".

De gemengdkleurige Paarden zijn: "stekelharig", wanneer de meeste haren zwart zijn, maar tusschen deze over het geheele lichaam hier en daar enkele grijze haren te voorschijn komen, zonder dat ouderdom hiervan de oorzaak is; "schimmels", wanneer de meestal witte grondkleur (die grijs kan schijnen, doordat enkele donkerder haren met de witte gemengd zijn) regelmatig gerangschikte vlekken vertoont door sterkere ophooping van donkere haren op sommige plaatsen; "tijgerkleurig", wanneer de helder witte beharing bezaaid is met duidelijk uitkomende, min of meer ronde, zwarte, bruine, roodachtige of leikleurige vlekken; "bont", wanneer groote, donkerkleurige onregelmatige vlekken met de meestal witte grondkleur afwisselen. Vooral bij schimmels komt het voor, dat de kleur bij de geboorte anders (donkerder) is dan op lateren leeftijd. "Geappeld" heet het Paard, wanneer ronde vlekken (die uit een donkeren rand en een lichteren kern bestaan) hetzij over het geheele lichaam of meer bepaaldelijk over enkele deelen, zooals de schouders en het kruis verspreid zijn. "Bont" noemt men een Paard niet, wanneer het enkele vlekken of strepen aan den kop heeft, of wanneer alleen de voeten meer of minder ver wit gekleurd zijn. Een "kol" is een kleine of middelmatig groote, witte vlek op het voorhoofd, even boven de oogen; een "bles" is een witte band over den neus van het Paard van tusschen de oogen tot aan de neusgaten; een "snuf" is een witte bovenlip.—Alleen de kleine haren (die in den winter langer zijn dan in den zomer) worden gewisseld; dit geschiedt hoofdzakelijk in het voorjaar. Het winterhaar valt in dezen tijd zoo snel uit, dat het "verharen" reeds binnen een maand grootendeels afgeloopen is. Langzamerhand worden de uitgevallen haren vervangen; eerst na het begin van September of October beginnen de nieuwe haren zich sterk te verlengen. De haren van de manen en den staart blijven onveranderd.

Het Paard is aan vele ziekten onderhevig. De belangrijkste zijn de spat, een gezwel gevolgd door een verharding van het spronggewricht; de droes, een zwelling van de klieren aan de onderkaak; de wormziekte, een droge of vochtige uitslagziekte, waardoor de haren uitvallen; de kwade droes, een sterke ontsteking aan het neusmiddelschot, die in hooge mate besmettelijk is en ook op den mensch kan overgaan; de razende kolder, een hersenontsteking; de stille kolder, een dergelijk lijden; de grauwe en de zwarte staar en andere kwalen. Bovendien wordt dit dier gekweld door vele uitwendige en inwendige parasieten.

Het Paard kan een leeftijd van 40 jaar en meer bereiken, maar wordt dikwijls zoo slecht behandeld, dat het reeds op zijn 20e jaar afgeleefd is; men mag aannemen, dat het slechts zelden 30 jaar oud wordt.

Over de eigenschappen, gewoonten, hebbelijkheden en eigenaardigheden van de Paarden, in één woord over de gesteldheid van hun geest, zal ik SCHEITLIN laten spreken: "Het Paard," zegt hij, "heeft onderscheidingsvermogen voor voedsel, woning, ruimte, tijd, licht, vorm, voor zijn familie, voor buren, vrienden, [397]vijanden, andere dieren, menschen en zaken. Het bezit waarnemings-, voorstellings- en herinneringsvermogen, geheugen, verbeeldingskracht; het heeft een fijn ontwikkeld gevoel voor een groot aantal toestanden, die zijn lichamelijke of geestelijke gesteldheid wijzigen. Het wordt aangenaam of onaangenaam gestemd door elke wijziging van omstandigheden, is in staat om tevreden te zijn over het leven, dat het op een gegeven tijdstip leidt, of om naar verandering te haken; zelfs is het vatbaar voor hartstochten, voor fijn gevoelende liefde en haat. Zijn verstand is groot en wordt zonder groote moeite in bekwaamheid omgezet, want het Paard is buitengewoon leerzaam.

"Zijn opmerkingsvermogen, zijn geheugen en zijn goedhartigheid maken het mogelijk het alle kunststukken te leeren, die de Olifant, de Ezel en de Hond kunnen verrichten. Het moet raadsels oplossen, vragen beantwoorden, door beweging met den kop 'ja' en 'neen' zeggen, door met den poot te tikken getallen aangeven, b.v. de tijdaanwijzing van een horloge. Het let op de beweging van de handen en voeten van zijn leermeester, begrijpt de beteekenis van het zweepgeklap en van de woorden, die het vervangen of er mede gepaard gaan: het heeft dus werkelijk een klein woordenboek in de gedachten. Op commando houdt het zich ziek, neemt een onnoozele houding aan door de pooten wijd uiteen te zetten en den kop te laten hangen, waggelt treurig en vermoeid voort, laat zich langzaam vallen, ploft op den grond neer, houdt zich dood (ook wanneer iemand op zijn lichaam gaat zitten, of zijn pooten uiteen legt, of het aan den staart trekt, of den vinger in de zoo fijngevoelige ooren steekt, enz.); zoodra zijn meester echter zegt, dat hij het door den vilder zal laten halen, springt het weder overeind en neemt een wakkere en vroolijke houding aan; het heeft deze klucht uitmuntend begrepen. Het blijkt niet, dat het behagen schept in de grappen, die het zoo dikwijls moet herhalen. Alleen in loopen en springen heeft het vermaak. Hoe lang zal men het moeten onderrichten, voordat het er zich aan waagt om door twee groote hoepels te springen, die tamelijk ver van elkander verwijderd zijn en die met wit papier dichtgeplakt, op hem den indruk van witte muren moeten maken? Dat de mensch iets leeren kan en wil, verwondert ons niet, maar wel dat het Paard het kan. Men moet werkelijk niet vragen: Wat kan het leeren? maar: Wat kan het niet leeren?

"Ieder, die een Paard iets menschelijks wil leeren, moet het, in den beginne althans, echt menschelijk behandelen, d.w.z. hij moet niet trachten het door slaan, of door bedreigingen, of door honger de gewenschte vaardigheid bij te brengen, maar alleen goede woorden gebruiken en het bejegenen zooals een goed, verstandig mensch een goed, verstandig mensch bejegent. In den regel zijn de Paarden geheel en al kinderen in het goede zoowel als in het booze.

"Het Paard kent niet alleen het begrip plaats, maar ook het begrip tijd. Het leert op de maat stappen, draven, galoppeeren en dansen. Het kent ook verschil van tijd op grootere schaal; het weet, of het morgen, middag of avond is. Het ontbreekt het Paard zelfs niet aan muzikaal gevoel. Evenals de krijgsman houdt het van trompetgeschal. Het krabt vroolijk met de voorpooten op den grond, wanneer dit geluid als sein voor het loopen bij wedrennen en gedurende den veldslag weerklinkt; het kent en begrijpt ook het tromgeroffel en alle geluiden, die met zijn moed en met zijn vrees in verband staan. Het kent het gebulder van het geschut; maar hoort het niet graag, wanneer het soortgenooten gedurende veldslagen door kogels heeft zien treffen. Door het hooren van donder wordt het eveneens onaangenaam aangedaan. Misschien heeft het ervaren, dat het onweer onheil kan stichten.

"Het Paard is zeer vatbaar voor vrees en gelijkt dus ook in dit opzicht op den mensch. Het verschrikt door een ongewoon geluid, een ongewoon voorwerp, een wapperend vaandel, een hemd, dat buiten het venster waait. Zorgvuldig kijkt het naar den bodem, wanneer hier steenen op liggen; voorzichtig stapt het in de beek of in de rivier. Het is buitengewoon bang voor den bliksem. Gedurende het onweder zweet het uit angst van getroffen te worden. Als het eene Paard op hol gaat, kan het andere, dat minder schichtig is, het tegenhouden; gewoonlijk echter wordt het eveneens door den schrik bevangen; beide rennen dan voort met steeds klimmende vrees en toenemenden angst, hollen in dolle vaart over en door alles heen, over den dorschvloer, met den kop tegen een muur, enz., alsof zij dol zijn.

"De eenige ware lust van het Paard is het rennen. Van nature is het een reiziger; alleen voor hun vermaak rennen de Paarden, die in de Russische steppen grazen; zij galoppeeren vele uren, een dagreis ver met de koetsen mede; zonder nood van op den langen weg te verdwalen, keeren zij eindelijk naar hun uitgangspunt terug. Op de weide spelen zij vroolijk met elkander, werpen het voorste of het achterste deel van 't lichaam omhoog en halen allerlei streken uit, rennen te zamen of bijten elkander. Er zijn er bij, die gedurig bezig zijn de andere te plagen. Het dier, dat menschelijke handelingen tracht na te bootsen, moet zich den mensch zeer nabij gevoelen, moet in hem bijna zijns gelijke vinden.

"De hengst is in alle opzichten een vreeswekkend dier. Zijn spierkracht is ontzettend, zijn moed boven alle beschrijving groot, zijn oog schiet vuur. De merrie is veel zachtaardiger, goedhartiger, toegevender, gehoorzamer, gemakkelijker te besturen; daarom geeft men aan haar dikwijls de voorkeur boven den hengst. Het paard is voor allerlei aandoeningen vatbaar. Het mint en haat, is jaloersch, wraakzuchtig, nukkig enz. Geen Paard is aan een ander gelijk. Bijtlustig en boos, valsch en arglistig is het eene, goed vertrouwend en zachtaardig het andere. De natuur of de opvoeding of beide gezamenlijk hebben ze zoo verschillend doen worden.

"Groot is het verschil van levenslot der Paarden! Het lot van de meeste is in de jeugd vertroeteld en met haver gevoederd te worden, op hun ouden dag een kar voort te slepen, met haksel en ruigte het leven te rekken, en rijkelijk slagen te ontvangen. Aan de nagedachtenis van menig Paard werden tranen gewijd; terecht zijn voor sommige Paarden marmeren gedenkteekens opgericht. Zij hebben een jeugd, die voor 't spelen bestemd is, jongelingsjaren, waarin zij met hunne gaven pronken, een mannelijken leeftijd om te arbeiden, en een ouderdom, waarin zij naar lichaam en geest trager en doffer worden; zij bloeien, rijpen en verwelken!"

Het tweede ondergeslacht van de Paarden (*Asinus*), waarvan de kenmerken reeds vroeger opgegeven zijn omvat de Ezels en de Tijgerpaarden.

De Koelan van de Kirgiezen, de Dziggetai (letterlijk vertaald "Langoor") der Mongolen in 't algemeen [*Equus (Asinus) hemionus*], heeft sommige eigenaardigheden, waardoor zijn schoonheid die van [398]den Ezel verre overtreft. Deze zijn: een buitengewoon licht gebouwd lichaam, slanke ledematen, een wild en vlug voorkomen en een fraaie haarkleur. Hij is iets grooter dan het kleine slag van muildieren, bijna gelijk aan een hit. De kop is eenigszins zwaar ontwikkeld, de borst groot, van onderen hoekig en een weinig samengedrukt. De ooren zijn langer dan bij het Paard, maar korter dan bij de gewone muildieren. De manen zijn kort en overeind geplaatst; hierdoor en ook door den staart en de hoeven gelijkt hij op den Ezel. De borst en de bovenarmen zijn smal en op lange na niet zoo gevleescht als bij het Paard; ook het achterstel is schraal; de ledematen zijn buitengewoon licht en fijn, en tevens tamelijk lang. De kleur van den Dziggetai is licht geelbruin; de neus en de binnenzijde der ledematen hebben een vaal-gelen tint; de manen en de staart zijn zwartachtig. Over het midden van den rug, boven de ruggegraat, loopt een bruinachtige, eenigszins naar geel en grijs zweemende streep, die van voren ongeveer zoo breed is als een vinger, zich naar 't midden van den rug allengs tot 1 cM. versmalt; haar breedte neemt daarna snel weer toe, zij komt in 't kruis en boven het bekken met die van 3 vingers overeen, om vervolgens weer af te nemen tot een smalle lijn op 't midden van de bovenzijde van den staart; overal steekt zij sterk af bij de kleur van het overige haar.

Koelan (*Equus hemionus*). 1/18 v.d. ware grootte.

De totale lengte bedraagt ongeveer 2.5 M., waarvan 50 cM. op den kop en 40 cM. op den staart komen (de haarkwast aan de spits niet medegerekend); de schouderhoogte wisselt van 1.3 tot 1.5 M. af.

De Dziggetai of Koelan is een kind van de steppe. Hoewel hij zich bij voorkeur in de nabijheid van meren en rivieren ophoudt, vermijdt hij evenwel de dorre, waterlooze en woestijnachtige streken niet, en evenmin de bergachtige gewesten, voor zoover deze n.l. een steppe-karakter hebben, met andere woorden, niet met bosschen bedekt zijn. Zoomin de ijlere lucht van het hooge gebergte, als de temperatuurswisselingen van het laagland, waar in den zomer een verzengende hitte, in den winter een strenge koude heerscht, zoomin de prikkelende sneeuwstormen van de hoogvlakte, als de door den wind voortgestuwde heete zandwolken van de laagvlakte, beperken het verbreidingsgebied van deze tegen weer en wind geharde dieren in de steppen; door niemand anders dan door den mensch wordt zijn aanwezigheid zoo niet bepaald, dan toch eenigermate beperkt. Streken, welker uitgestrekte weidegronden van tijd tot tijd door rondzwervende herdersvolken bezocht worden, of waardoor de nomadische herder met zijne kudden geregeld heen en weer trekt, worden door de Koelan verlaten; daar waar te midden van vruchtbaarder weidegronden zich landstreken bevinden, zoo arm, zoo dor, zoo woestijnachtig, dat zelfs de genoemde voorloopers van den aan vaste woonplaatsen gebonden mensch ze vermijden, kan men er verzekerd van zijn het wilde Paard, dat onbeperkte vrijheid verlangt, te zullen aantreffen.

Nog tegenwoordig bevolkt het in aanzienlijken getale verscheidene districten van Akmolinsk en bewoont het een strook steppeland tusschen het Altaï-gebergte en het Saisan-meer; men ontmoet het van hier uitgaande op alle voor zijn levenswijze geschikte, verder oostwaarts en zuidwaarts gelegen oorden van zuidelijk Siberië en Toerkestan, hoewel hier niet zoo menigvuldig als in de woestijnachtige steppen van Mongolië en het noordwesten van China of in de gebergten van Tibet.

Gezelligheid is een grondtrek van de inborst van [399]dit wilde paard en van de Eénhoevigen in 't algemeen. Evenals in Afrika de Zebra, de Quagga en de Dauw zich voegen bij de kudden Antilopen en Struizen, ziet men in de hooge gebergten van Midden-Azië de Dziggetai gemeenschappelijk grazen met verschillende soorten van wilde Schapen, met de Tibetaansche Antilope en den Yak, in de laagvlakten met de Krop- en Saiga-Antilopen. Ook met verwilderde Paarden leeft hij in goede verstandhouding.

Wie ooit Koelans in hun vaderland en in volledige vrijheid zag, zal moeten erkennen, dat zij hoog begaafde dieren zijn. Betooverd volgt het oog hunne bewegingen; verrukt en verbaasd tracht het de onvergelijkelijke behendigheid van deze snelvoetige dieren na te gaan. "Het is een verwonderlijk schouwspel," zegt GAY, "te zien, hoe vlug zij de bergen bestijgen en hoe behendig zij er van afdalen zonder ooit te struikelen. Alsof zij met hunne onuitputtelijke krachten wilden spelen, repten de door ons vervolgde Koelans zich voort over de heuvels en door de dalen van de steppe."

Zulk een dier ontkomt gemakkelijk aan de vervolgingen van groote Roofdieren. In de West-Aziatische steppen zijn er trouwens geen, die op Koelans jacht maken; want de hier inheemsche Wolven wagen het niet gezonde, wilde Paarden aan te vallen, omdat deze hunne krachtige hoeven uitmuntend tegen vijanden weten te gebruiken. Waarschijnlijk worden alleen vermoeide en door ziekte aangetaste Koelans, die van de kudde verwijderd zijn geraakt, een prooi van de Wolven. In het zuidelijk en zuidoostelijk gedeelte van hun verbreidingsgebied worden de Koelans misschien door Tijgers lastig gevallen. Een gevaarlijker vijand is echter de mensch. De nomadische herders van de steppe zijn hartstochtelijke liefhebbers van de Koelan-jacht, vooral omdat voor dit bedrijf een groote behendigheid van de zijde van den jager vereischt wordt.—In de Europeesche dierentuinen behoort de Koelan nog steeds tot de zeldzaamheden, hoewel men hem in de laatste 20 jaren dikwijls daarheen heeft overgebracht, en hij er ook herhaaldelijk (alleen te Parijs niet minder dan 16-maal) jongen heeft geworpen. Met goed gevolg heeft men hem met den Ezel, den Quagga, den Zebra, en kort geleden ook met het Paard gekruist.

Een tweede, in Azië in 't wild levende Eénhoevige, die misschien met den Koelan een zelfde soort vormt, is de Onager van de Ouden, die ook in den Bijbel herhaaldelijk genoemd wordt. Volgens SCLATER's vergelijkend onderzoek van de wilde Paarden is het meer dan waarschijnlijk, dat de wilde Ezel, die de Indische woestijnen bewoont, zich niet van den Onager onderscheidt. Het verbreidingsgebied van deze soort zou zich dus van Syrië over Arabië, Perzië en Beloetsjistan tot in Indië uitstrekken.

De Onager [*Equus (Asinus) onager*] is aanmerkelijk kleiner dan de Dziggetai, maar toch hooger en fijner van ledematen dan de Gewone Ezel. De kop is betrekkelijk nog hooger en grooter dan bij de Koelan; de dikke lippen zijn tot aan den rand dicht bezet met stijve, borstelige haren; de ooren zijn tamelijk lang, maar korter dan bij den Gewonen Ezel. De heerschende kleur is fraai wit met een zilverachtigen glans, deze gaat aan de bovenzijde van den kop, aan de zijden van den hals en van den romp en ook aan de heupen in een bleeke isabelkleur over. Over de schouderstreek loopt een witte streep ter breedte van een hand benedenwaarts, een tweede streep loopt aan weerszijden langs het midden van den rug en over de achterzijde der dijen; tusschen de beide overlangsche strepen ligt de koffie-bruine rugstreep. De beharing is nog zijdeachtiger en zachter dan bij een Paard. Het winterhaar kan men met kameelwol vergelijken, het zomerhaar is uiterst glad en fijn. De rechtopstaande manen bestaan uit zachte, wollige, ongeveer 10 cM. lange haren; de kwast aan den staart wordt meer dan een span lang.

Door zijn levenswijze herinnert de Onager aan den Koelan. Een hengst is de aanvoerder van de kudde, die uit merries en veulens van beiderlei geslacht bestaat. Wat vlugheid van beweging betreft, doet de Onager voor den Dziggetai volstrekt niet onder.

De zintuigen van den Onager, vooral die van 't gehoor, 't gezicht en den reuk, zijn zoo fijn, dat het niet mogelijk is hem in de open steppen te genaken. Hij is zoo buitengewoon matig, dat hij hoogstens om den anderen dag naar de drinkplaats gaat; het opwachten van dit dier, "het jagen op den afstand", is dus meestal ondoenlijk. Zouthoudende planten vormen zijn liefste voedsel; na deze geeft hij de voorkeur aan die, welke een bitter melksap bevatten, zooals paardenbloemen, melkdistels en dergelijke; klaversoorten, lucerne en allerlei kruisbloemige planten worden echter ook niet door hem versmaad. Hij heeft evenwel een tegenzin in alle planten, die welriekend zijn, doordat zij vluchtige oliën bevatten, in moeraskruiden, boterbloemachtigen en alle stekelige gewassen, zooals distels. Hij houdt meer van brak, zouthoudend water dan van zoet; het moet echter helder zijn; troebel water lust hij niet.

Over den paringstijd en den werptijd is nog niets bekend.

De stamsoort van onzen tammen Ezel [*Equus (Asinus) asinus*] bewoont Afrika en is er door twee ondersoorten vertegenwoordigd. De eerste ondersoort—de Steppen-ezel (*Equus asinus africanus*)— gelijk door grootte en uitzicht op zijne getemde nakomelingen in Egypte, door levenswijze en aard echter op zijne in 't wild levende,

Aziatische verwanten. Hij is groot, slank en fraai gebouwd, isabelkleurig, aan de onderzijde lichter, met duidelijk herkenbare rugstreep en schouderkruis en eenige meer of minder duidelijke dwarsstreepen aan de buitenzijde van den benedenvoet. De korte manen staan overeind, de staartkwast is dik en lang.

Van den Steppenezel onderscheidt zich de Somali-ezel (*Equus asinus somalicus*) door een aanzienlijker grootte en langere, hangende manen. Het schouderkruis ontbreekt; wel komen aan de pooten talrijke, duidelijke, zwarte dwarsstrepen voor. Zijn vaderland is Somaliland. De beter bekende Steppenezel daarentegen bewoont de woestijnen van Opper-Nubië. In de nabijheid van den Atbara, de voornaamste Nubische bijrivier van den Nijl is hij veelvuldig, zoo ook in de Barka-vlakten; zijn verbreidingsgebied strekt zich uit tot aan de kust van de Roode Zee. Hier leeft hij in volkomen gelijksoortige omstandigheden als de Dziggetai en de Onager. Iedere hengst staat aan het hoofd van een kudde van 10 à 15 stuks, die hij bewaakt en verdedigt. Hij is buitengewoon schuw en voorzichtig; de jacht op dit dier is hierdoor zeer moeilijk. Alle tamme Ezels, die men in 't zuiden van Egypte en waarschijnlijk ook in Abessinië gebruikt, stammen, naar het schijnt, van deze soort af; want volgens de verzekering van de Arabieren gelijken de Wilde Ezels zoozeer op hen, dat men den eenen voor den anderen zou kunnen aanzien.

De gestreepte voeten van dit dier, en vooral die van den Somali-ezel, zijn een opmerkelijk verschijnsel; daar hierdoor deze Ezels een overgang schijnen te [400]vormen tusschen hunne Aziatische verwanten en de Tijgerpaarden.

De Steppenezel wordt reeds sinds overouden tijd getemd en de gevangen Wilde Ezels worden dikwijls voor de veredeling van tamme Ezelrassen gebruikt. De Romeinen van de oudheid gaven groote sommen voor dit doel uit; de Arabieren doen dit ook thans nog. Alleen bij ons is de Tamme Ezel door voortdurende verwaarloozing tot op een laag peil afgedaald.

Steppen-ezel (*Equus asinus africanus*). 1/18 v.d. ware grootte.

Als men den Ezel, die hier te lande graan of meel voor den molenaar draagt of den melkboer zijn beroep helpt uitoefenen, met zijne verwanten in zuidelijker landen vergelijkt, zou men er toe kunnen komen, beide voor verschillende soorten te houden, zoo weinig gelijken zij op elkander. De Ezel uit het Noorden is, zooals iedereen weet, een trage, eigenzinnige, dikwijls weerbarstige klant, die algemeen, heewel ten onrechte, als zinnebeeld van onnoozelheid en domheid wordt beschouwd; de Ezel uit het Zuiden daarentegen, vooral de Egyptische, is een fraai, wakker, buitengewoon vlijtig en volhardend dier, wiens arbeid niet veel bij dien van het Paard achterstaat, en dezen in sommige opzichten zelfs overtreft. Maar hij wordt dan ook veel zorgvuldiger behandeld dan onze Ezel. In vele Oostersche landen zorgt men niet minder goed voor de zuiverheid van de beste ezelrassen dan voor die van het edelste paardenras; men voedert de dieren zeer goed, kwelt hen in hun jeugd niet te veel en kan derhalve van de volwassenen diensten verlangen, die onze Ezel in 't geheel niet zou kunnen verrichten. Er is wel reden voor de zorg, die men in het Oosten aan den Ezel besteedt, want hij is daar een huisdier in den volsten zin van het woord, dat in het paleis van den rijkste, zoowel als in de hut van den armste voorkomt, en de onmisbaarste dienaar is, dien de bewoner van zuidelijke gewesten kent. Reeds in Griekenland en Spanje treft men zeer schoone Ezels aan, hoewel zij altijd nog ver achterstaan bij die, welke men in het Oosten, vooral in Perzië, Toerkmenië en Egypte, gebruikt. De Grieksche en de Spaansche Ezel evenaren een klein muildier in grootte; hun haar is glad en zacht; de manen zijn tamelijk, de staartharen betrekkelijk zeer lang; de ooren zijn lang, maar fijn gebouwd, de oogen schitterend. Groote volharding, een gemakkelijke, vlugge gang en een zachte galop stempelen deze Ezels tot onovertreffelijke rijdieren.

Nog veel schooner dan deze uitmuntende dieren zijn de Arabische Ezels, vooral die, welke in Yemen worden gefokt. Er zijn twee rassen van: één van groote, moedige en snelle dieren, die voor het reizen zeer geschikt zijn, en één, welks leden kleiner en zwakker zijn, en gewoonlijk voor 't dragen van lasten gebruikt worden. Soortgelijke rassen komen voor in Perzië en Egypte, waar men veel geld voor een goeden Ezel uitgeeft. Een voor rijdier geschikte Ezel, die aan alle eischen voldoet, staat hooger geprijsd dan een middelmatig Paard; niet zelden betaalt men f 900 voor zulk een dier. "Men kan zich," zegt BOGUMIL GOLTZ, "geen bruikbaarder en dapperder schepsel voorstellen dan deze Ezel. De grootste kerel zet zich op een exemplaar, dat dikwijls niet grooter is dan een kalf van zes weken en brengt het in galop. Deze zwak gebouwde dieren bewegen zich met een flinken pas; hoe zij echter aan de kracht komen om uren lang met een volwassen mensch op den rug, zelfs bij groote hitte, te draven en te galoppeeren, komt mij volkomen onverklaarbaar voor en schijnt tot de bovennatuurlijke ezels-mysteriën te behooren." Den rij-ezels wordt het haar zeer zorgvuldig over het geheele lichaam kort geknipt; alleen aan de bovenarmen en dijen laat men het zijn volle lengte behouden; hier worden echter in de beharing allerlei figuren en krullen uitgeknipt, waardoor de dieren een zeer eigenaardig voorkomen verkrijgen. [401]

Verderop in het binnenland, waar dit nuttige wezen eveneens als huisdier wordt gehouden, zijn edele Ezels zeldzaam, en ook deze weinige worden van buiten ingevoerd.

In vroegere tijden trof men op eenige eilanden van den Griekschen archipel en op Sardinië half-verwilderde Ezels aan; tegenwoordig vindt men er nog in Zuid-Amerika. Zulke aan de heerschappij van den mensch ontkomen Ezels nemen spoedig alle gewoonten van hunne wilde voorouders aan.

Door de bovenstaande mededeelingen is meteen het verbreidingsgebied van den Ezel aangeduid. Het oostelijke deel van Voor- en Middel-Azië, het noorden en oosten van Afrika, Zuid- en Middel-Europa en eindelijk Zuid-Amerika zijn de landstreken waar hij het best gedijt. Hoe droger het land is, des te beter gevoelt hij zich er thuis. Vochtigheid en koude verdraagt hij minder goed dan het Paard.

Waarschijnlijk is het rijden op Ezels nergens zoozeer in zwang als in Egypte. In alle grooten steden van dit land zijn deze gewillige dieren werkelijk onmisbaar voor de gemakkelijkheid van 't leven. Men gebruikt ze, zooals bij ons de huurrijtuigen; en het wordt volstrekt niet vreemd gevonden zich door hen te laten dragen. Wegens de engheid van de straten der Oostersche steden, zijn Ezels beter dan andere vervoermiddelen geschikt om den weg, dien men heeft af te leggen, af te korten en gemakkelijk te maken. Daarom ziet men ze b.v. in Kaïro, overal te midden van den onafgebroken stroom van menschen, die zich door de straten beweegt. De ezeldrijvers van Kaïro vormen een eigen stand, een ware kaste; zij behooren bij de stad, zooals de minarets en de palmen. Zij zijn onontbeerlijk voor de inwoners zoowel als voor de vreemdelingen; aan hen heeft men iederen goeden dag te danken, hoewel zij iederen dag iemand de gal doen overloopen. "Het is een ware lust en een ware ellende", zegt BOGUMIL GOLTS, "met de ezeljongens om te gaan. Men kan het niet eens met hen worden, hetzij men ze voor goedhartig of boosaardig, koppig of dienstwillig, traag of wakker, listig of onbeschaamd houdt; zij vertoonen een mengelmoes van alle mogelijke eigenschappen." De reiziger ontmoet ze, zoodra hij in Alexandrië aan land stapt. Op elk druk plein staan zij met hunne dieren van zonsopgang tot zonsondergang. De aankomst van een stoomboot is voor hen een hoogst gewichtige gebeurtenis; want dan moeten zij zich beijveren om de in hunne oogen onwetende of zelfs domme toeristen voor zich te veroveren. De vreemdeling wordt vooreerst in drie of vier talen aangesproken, en wee hem, wanneer hij in 't Engelsch antwoordt. Dadelijk heeft er om den "rijken man" een vechtpartij plaats, totdat de reiziger het verstandigste doet, wat hij doen kan, n.l. op goed geluk op een Ezel gaat zitten en zich door den jongen naar het eerste het beste hotel laat drijven. Dit is de eerste kennismaking met de ezeljongens; maar eerst als men de Arabische taal machtig is en, in plaats van het koeterwaalsch der drie of vier door hen geradbraakte talen, hun eigen taal met hen kan spreken, leert men ze kennen.

Gewone Ezel (*Equus asinus*). 1/16 v.d. ware grootte.

De eene zegt: "Kijk toch eens, Mijnheer, naar den Ezel, dien ik u aanbied, een echte locomotief in vergelijking met de dieren, die de andere jongens u aanprijzen! Zij zullen onder u inzakken, want het zijn erbarmelijke schepsels en gij zijt een forsch man! Maar de mijne! Voor hem is het een kleinigheid als een Gazelle met u weg te loopen." — "Dit is een Kahiriner [402]Ezel," zegt de andere; "zijn grootmoeder was een Gazelle en zijn bet-overgrootmoeder een wild Paard. Komaan, Kahiriner, loop eens en laat Mijnheer zien, dat ik de waarheid spreek! Doe uwe ouders geen schande aan, maak voort in Gods naam, mijn Gazelle, mijn Zwaluw!" — De derde wil alle overige de loef afsteken; hij roemt zijn Ezel als een "Bismarck", een "Moltke" enz., en in dezen toon gaat het voort, totdat men eindelijk een van de dieren bestegen heeft. Dit wordt nu door een onnavolgbaar getrek en geduw of door stooten, steken en slagen met den aan 't eene einde puntig toeloopenden drijversstok in galop gebracht, terwijl de knaap, die er achteraan rent, door roepen, schreeuwen, aansporen en babbelen zijne longen niet minder mishandelt dan den Ezel vóór hem. "Pas op, Mijnheer! Uw rug, uw voet, uw rechterzijde is in gevaar! Wees voorzichtig, uw linkerzijde, uw hoofd! Denk er om! een Kameel, een muildier, een Ezel, een Paard! Let op uw gezicht, op uw hand! Ga uit den weg, vriend; laat mij en Mijnheer voorbij! Scheld niet op mijn Ezel, smeerlap; hij is meer waard dan je overgrootvader was. Verschooning, meester, dat gij gestooten werd!" Deze en en honderd andere uitroepen gonzen den reizigers onophoudelijk om de ooren, terwijl hij tusschen allerlei gevaar opleverende dieren en ruiters, tusschen straatkarren, lastdragende Kameelen, wagens en voetgangers door rent. De Ezel verliest geen oogenblik zijn goede gezindheid; zijn gewilligheid kan bijna niet ingetoomd worden; hij snelt steeds voort in een allerprettigsten galop, totdat het doel bereikt is. Kaïro is de hoogeschool voor alle Ezels; hier eerst leert men deze voortreffelijke dieren kennen, waardeeren, achten en van hen houden.

Op onzen Langoor trouwens zijn OKEN's woorden volkomen toepasselijk: "De tamme Ezel is door langdurige slechte behandeling zoozeer ontaard, dat hij bijna in 't geheel niet meer lijkt op zijne voorouders. Niet alleen bereikt hij een veel geringere grootte dan deze, maar ook zijn kleur is doffer, meer aschgrauw, zijne ooren zijn langer en slapper geworden. De moed is bij hem in weerspannigheid veranderd, de vlugheid in langzaamheid, de levendigheid in traagheid, de schranderheid in domheid, de vrijheidsliefde in geduld, de volharding in lijdzaamheid bij het verduren van mishandelingen." SCHEITLIN zegt van hem: "De tamme Ezel is veeleer schrander dan dom; zijn schranderheid gaat echter niet samen met goedheid, zooals bij het Paard, maar openbaart zich meer als valschheid en sluwheid, en nog wel het meest als koppigheid en eigenzinnigheid. Hoewel uit een slavin geboren, is hij in zijn jeugd zeer opgewekt en een liefhebber van potsierlijke sprongen, evenals al wat jong is; evenals het menschenkind, heeft hij trouwens geen besef van zijn misschien vreeselijke, treurige toekomst. Als hij volwassen is, moet hij trekken en dragen; hij laat zich hiervoor goed africhten, hetgeen een bewijs is van zijn verstand, want hij moet zich schikken naar den wil van een ander wezen, van den mensch. Het kalf is hiervoor nooit verstandig genoeg, en zelfs het paardenveulen begrijpt aanvankelijk niet, wat men van hem verlangt. Geduldig draagt de Ezel zijn grooten last, maar volstrekt niet gaarne, want zoodra men hem dien heeft afgenomen, is het voor hem een genoegen zich over den grond te wentelen, en zijn afschuwelijk gebalk te laten hooren. Hij heeft waarschijnlijk in 't geheel geen muzikaal gevoel. Zijne ooren duiden werkelijk iets bijzonders aan.

"Wij kunnen den Ezel volkomen in zijn eer herstellen door er op te wijzen, dat hij afgericht kan worden tot zeer vele kunstjes, die men gewoonlijk alleen van het Paard ziet. Sommige kinderen leeren moeilijk, maar wat zij geleerd hebben, kennen zij grondig en voor altoos; zoo is het ook met den Ezel. Men kan wedrennen met hem houden; hij leert door hoepels springen en kanonnen afschieten. Hij springt goed, zonder het doel te missen en zonder angst te toonen. Hij let op de blikken en de woorden van zijn meester, en begrijpt deze telkens goed. Daarom kan men hem ook leeren dansen, zich op de maat bewegen en deuren openen, waarbij hij zijn bek als een hand gebruikt, trappen op- en afgaan, het schoonste, oudste of meest verliefde lid van een gezelschap aanwijzen, door met den poot op den grond te kloppen van een horloge, dat hem voorgehouden wordt, den tijd, van een kaart of van een dobbelsteen het aantal oogen aangeven, en iedere vraag van zijn meester, door met den kop te schudden of te knikken, bevestigend of ontkennend beantwoorden."

De zintuigen van den tammen Ezel zijn goed ontwikkeld. Bovenaan staat het gehoor, hierop volgt het gezicht, dan de reuk; gevoel schijnt hij weinig te hebben, ook de smaak is, naar men vermoedt, niet bijzonder fijn, anders zou hij waarschijnlijk begeeriger, veeleischender zijn dan het Paard. Zijne verstandelijke vermogens zijn, naar uit SCHEITLIN's woorden blijkt, niet zoo gering als gewoonlijk aangenomen wordt. Hij heeft een uitmuntend geheugen: hij kan iederen weg, dien hij eens gegaan is, weer terug vinden; hoe dom zijn uitzicht ook zij, toch is hij dikwijls recht sluw en listig. Ook is hij niet altijd zoo goedaardig, als men meent; hij heeft soms zelfs afschuwelijke kuren. Plotseling blijft hij dan midden op den weg stilstaan, en laat zich door geen slagen dwingen om verder te gaan, of gaat met zijn geheele last op den grond liggen, waar hij zich door bijten en schoppen verweert. Sommigen meenen dat zijn gevoelig gehoor hiervan de oorzaak is, dat ieder geraas hem verdooft en verschrikt, hoewel hij overigens niet bijzonder vreesachtig, maar slechts nukkig is. Uiterst vreemd gedraagt een Ezel zich in een streek waar Roofdieren zijn. Het is zeer vermakelijk of hoogst onaangenaam, al naar men het nemen wil, op een Ezel of een Muildier door een van de nauwe dalen van het gebergte van Habesch te rijden. Overal bespeurt het lange oor gevaar. Het draait en keert zich naar alle zijden, wordt met opzet benedenwaarts gebogen in de richting van een rotsblok, waarachter een vijand in hinderlaag zou kunnen liggen, het tracht zelfs met een paar sterke wendingen alles af te luisteren, wat er hooger op, langs de hellingen voorvalt, richt zich plotseling stijf omhoog en luistert in een bepaalde richting. Wanneer nu nog de reuk het gehoor te hulp komt en beide het edele rijdier schrikbeelden voor den geest tooveren, dan is de gemoedsrust voor goed verstoord. Het wil niet verder. Juist op de plaats waar het nu staat, is misschien in de vorige nacht het vreeselijk tot buitengewone voorzichtigheid aansporend feit voorgevallen, dat een Leeuw, een Luipaard, een Hyaena of een ander gruwelijk Roofdier over den weg is geslopen! De Ezel snuffelt, kijkt, luistert; de ooren draaien letterlijk rond in zijn kop; hij blijft als aan den grond genageld, totdat eindelijk een van de lieden voor hem uitgaat. Loos genoeg om te begrijpen, dat zijn gids de meeste kans heeft om in de klauwen van het grimmige Roofdier den laatsten adem uit te blazen, zal hij dezen volgen en inwendig gerustgesteld verder gaan. Op reis kan de Ezel geen enkel zintuig ontberen. Als men hem een

[403]doek voor de oogen bindt, blijft hij oogenblikkelijk staan; dit doet hij ook, als men hem de ooren bedekt of dicht stopt; eerst als, hij van al zijne zintuigen gebruik kan maken, gaat hij verder.

De Ezel is met het slechtste, karigste voedsel tevreden. Gras en hooi van zulk een hoedanigheid, dat iedere fatsoenlijke koe ze met een afkeer verradend gesnuif laat liggen en een Paard er zich ontevreden van afwendt, worden door hem nog als een lekkernij beschouwd: hij is zelfs met distels en doornstruiken tevreden. Alleen in de keuze van drank is hij zorgvuldig; hij wil geen water hebben dat troebel is; brak mag, helder moet het zijn. In de woestijn heeft men hierdoor dikwijls veel last met den Ezel, daar deze, hoe ook door den dorst gekweld, het troebele water uit de lederen waterzakken niet wil drinken.

Hier te lande valt de bronsttijd van den Ezel in de laatste lente- en de eerste zomermaanden; in het zuiden duurt hij ongeveer het geheele jaar door. De hengst verklaart aan de Ezelin zijn liefde met het welbekende, oorverscheurende "I-a, I-a," en laat op deze langgerekte, vijf- à tienmaal herhaalde geluiden nog een half dozijn snuivende zuchten volgen. Zulk een aanzoek is onweerstaanbaar; zij oefent zelfs op de medevrijers een machtigen invloed uit. Ieder, die in een land heeft gewoond, waar vele Ezels zijn, heeft het kunnen ervaren. Zoodra een ezelin hare stem laat hooren, ontstaat er een formeel oproer onder alle hengsten in den omtrek. De naastbijwonende, gevleid door de eer, dat hij de voor hem zoo aanlokkelijke geluiden het eerst op een behoorlijke wijze mag beantwoorden, balkt er op los zoo luid hij kan. Een tweede, derde, vierde, tiende valt in: eindelijk balken zij allemaal; door den langen duur van dit concert zou iemand doof of half gek kunnen worden. Ik waag het niet te beslissen, of dit medebalken als een bewijs van teedere sympathie moet worden opgevat, of eenvoudig voortvloeit uit lust tot schreeuwen, maar kan stellig verzekeren, dat één Ezel alle overige aan 't balken kan brengen. De reeds beschreven ezeljongens van Kaïro, die, naar het schijnt, veel behagen scheppen in het geluid van de dieren, waarmede zij hun kost verdienen, maken het "I-a"-geschreeuw, dat op beschaafde ooren zulk een onaangenamen indruk maakt, aan den gang, door het onnavolgbare, kort afgebrokene "Ii, Ii, Ii", dat den hoofdinhoud van de ezelsrede voorafgaat, na te bootsen: spoedig neemt een van de Ezels de moeite over om de vroolijke opgewondenheid verder te verbreiden.

Ongeveer 11 maanden na de paring werpt de Ezelin één jong (hoogst zelden twee), dat bij de geboorte volkomen ontwikkeld is en zien kan; de moeder lekt het liefderijk af en biedt het reeds een half uur na de geboorte de uier aan. Na 5 à 6 maanden kan het veulen gespeend worden, maar het volgt de moeder nog lang op al hare wegen. Zelfs in zijn vroegste jeugd verlangt het geen bijzondere oppassing of verzorging, maar is evenals zijne ouders tevreden met elk voedsel dat het krijgen kan. Als men het kind van de moeder wil scheiden, is aan weerskanten het verdriet groot. Beiden verzetten zich en geven, als dit niets baat, hun verdriet en hun verlangen nog dagen achtereen door geschreeuw of althans door buitengewone onrustigheid te kennen. Als er gevaren dreigen, verdedigt de oude haar kind met moed; zij offert liever zich zelf op en vreest zelfs vuur en water niet, als het er op aankomt haar jong te beschermen. Reeds in het tweede jaar is de Ezel volwassen; maar eerst in het derde jaar bereikt hij zijn volle kracht. Hij kan, zelfs wanneer hij hard werken moet, een tamelijk hoogen leeftijd bereiken: er zijn voorbeelden van, dat Ezels veertig vijftig jaar oud werden.

Reeds in den ouden tijd heeft men het Paard en den Ezel met elkander gepaard en door deze kruising bastaarden verkregen, die Muildieren heeten, als de vader, Muilezels echter als de moeder tot het Ezelgeslacht behoort. Beide hebben in hun gestalte meer van hun moeder dan van hun vader; door hun aard gelijken zij echter meer op dezen dan op gene.

Het Muildier (*Equus mulus*) is bijna even groot als het Paard en gelijkt ook door zijn lichaamsbouw op dit dier; het verschilt er echter van door den vorm van den kop en de lengte der ooren, door den staart, die aan den wortel kort behaard is, door de schrale dijen en de smallere hoeven, welke kenmerken aan die van den Ezel herinneren. Zijn kleur gelijkt in den regel op die van de moeder. Het balkt als zijn vader.

De Muilezel (*Equus hinnus*) behoudt de onaanzienlijke gestalte, de grootte en de lange ooren van zijn moeder, krijgt van het Paard slechts den dunneren en langeren kop, de vollere dijen, den over zijn geheele lengte behaarden staart en de hinnikende stem; met zijn moeder heeft hij ook de traagheid gemeen.

De paardemerrie draagt het Muildier iets langer dan het paardenveulen; het pasgeboren Muildier staat echter veel eerder op zijne pooten dan het jonge Paard; daarentegen is hij minder spoedig volwassen dan het Paard. Beneden de 4 jaar mag men geen Muildier tot den arbeid dwingen; daarentegen behoudt het zijn kracht geregeld tot in 20e of 30e niet zelden zelfs tot in het 40e levensjaar.

Men fokt uitsluitend Muildieren, omdat deze beter geschikt zijn voor het gebruik. Alleen in Spanje en Abessinië heb ik Muilezels gezien. Het Muildier vereenigt de goede eigenschappen van zijne beide ouders in zich. Zijne soberheid en volharding, zijn zachten, vasten tred zijn erfstukken van den Ezel, zijne kracht en moed een geschenk van zijn moeder. In alle bergstreken acht men de Muildieren onmisbaar; voor de bewoners van Zuid-Amerika zijn zij niet minder noodig dan voor de Arabieren het Kameel. Een goed Muildier draagt een last van 150 KG. en legt hiermede iederen dag een weg van 20 à 28 KM. af. Zelfs na een lange reis bemerkt men ternauwernood vermindering van de kracht van het op deze wijze belaste dier, al is het voeder schaarsch en zóó slecht, dat een Paard het in 't geheel niet zou lusten.

Zelfs in den laatsten tijd heeft men herhaaldelijk beweerd, dat Muildieren en Muilezels onvruchtbaar zouden zijn. Dit is echter niet altijd het geval, wanneer een van de beide parende dieren geen bastaard is. Reeds sedert overouden tijd zijn er voorbeelden van bekend, dat Muildieren jongen voortbrachten, n.l. bij paring van een Paardehengst met een muildier-merrie. In lateren tijd zijn eveneens verscheidene gevallen waargenomen, die de geschiktheid van het Muildier voor de voortplanting boven allen twijfel verheffen: zoo is het in de laatste kwart eeuw in den Acclimatisatie-tuin te Parijs gebleken, dat Muildieren tot in het tweede geslacht vruchtbaar kunnen zijn.—Dat Muildieren (of Muilezels) onderling of Muildieren met Muilezels vruchtbaar kunnen paren, is nog niet bewezen.

Een oude Latijnsche schrijver verhaalt, dat CARACALLA[404]in het jaar 211 van onze tijdrekening in de arena te Rome behalve Tijgers, Olifanten en Neushoorndieren ook een *Hippotigris* ("Tijgerpaard") liet optreden, en dit dier eigenhandig doodde. Dat de bedoelde schrijver hiermede niets anders op het oog gehad kan hebben dan de eene of andere soort van Afrikaansche, gestreepte wilde Paarden, valt moeielijk te betwijfelen; de Engelsche natuuronderzoeker H. SMITH heeft dus recht, als hij de naam Tijgerpaarden gebruikt tot aanduiding van een ondergeslacht (of liever van een groep van soorten) van de familie der paarden.

De Tijgerpaarden gelijken, wat hun gestalte betreft, zoowel op de Paarden als op de Ezels. De romp is gedrongen, de hals forsch, de kop houdt het midden tusschen dien van een Paard en dien van een Ezel, de ooren zijn tamelijk lang, maar tevens breed, de haren van de overeindstaande manen niet zoo hard en dik als bij het Paard, maar toch minder zacht en minder buigzaam dan bij den Ezel, de staart is alleen aan zijn onderste gedeelte lang behaard. Alle bekende soorten hebben een bont, levendig gekleurd en gestreept vel. De zuidelijke helft van Afrika is haar vaderland; misschien komt slechts één soort ook benoorden den evenaar voor. Zij leven op de gebergten en in de vlakten; iedere soort geeft echter, naar het schijnt, de voorkeur aan een afzonderlijk gebied.

De Quagga (*Equus quagga*) nadert door zijn gestalte meer tot het Paard dan tot den Ezel, maar moet, wat schoonheid betreft, bij den Dauw achterstaan. De romp is zeer goed gevormd, de kop middelmatig groot en sierlijk; de ooren zijn kort, de pooten krachtig. Langs den geheelen hals verheffen zich korte en rechte manen; de staart is van den wortel af behaard, de staartharen langer dan bij de overige Tijgerpaarden, evenwel aanmerkelijk korter dan bij het Paard. Ook door de beharing van de overige lichaamsdeelen gelijkt de Quagga op het Paard: het haar is kort en ligt dicht tegen het lichaam aan. Bruin, aan den kop donkerder, op den rug, het kruis en de zijden lichter, is de grondkleur van het vel; de buik, de binnenzijde van de dijen en de staartharen zijn zuiver wit. De kop, de hals en de schouders zijn geteekend met grijsachtig witte, roodachtig getinte strepen, die op het voorhoofd en de slapen overlangs gericht en dicht opeengedrongen zijn, op de wangen echter dwars loopen en iets verder uiteen staan. Tusschen de oogen en den mond vormen zij een driehoek. Op den hals bemerkt men tien zulke strepen, die ook op de manen zich vertoonen, op de schouders vier en op den romp nog eenige, die des te korter en bleeker worden, naarmate zij verder naar achteren voorkomen. Langs den geheelen rug tot op den staart, strekt zich een zwartachtig bruine, aan weerszijden roodachtig grijs geboorde rugstreep uit. De ooren zijn van binnen met witte haren bezet, van buiten geelachtig wit, met een donkerbruine streep. Beide geslachten gelijken zeer veel op elkander; het wijfje is echter een weinig kleiner en heeft kortere staartharen. Het volwassen mannetje wordt 2 M., met den staart 2.6 M. lang; de schouderhoogte bedraagt ongeveer 1.3 M.

Dauw (*Equus Burchelli*), 1/16 v.d. ware grootte.

De Dauw (*Equus Burchelli*), BURCHELL'S, en CHAPMAN'sTijgerpaard, de Bonte Quagga der Hollandsche Boeren, is ongetwijfeld het edelste dier van zijn stam, omdat zijn gestalte het meest op die van een Paard gelijkt; het is nagenoeg even groot als de Quagga. Het zachte, glad aanliggende haar is aan de bovenzijde isabelkleurig, van onderen wit. Veertien smalle, zwarte strepen ontspringen aan de neusgaten, zeven daarvan zijn buitenwaarts gericht en vereenigen zich met een gelijk aantal van boven komende; de overige gaan scheef over de wangen heen en zijn verbonden met strepen, die de onderkaak versieren. Over het midden van den rug loopt een zwarte streep met witte randen; de hals is, evenals de 13 cM. hooge manen, geteekend met tien breede, zwarte dwarsstrepen, waarvan sommige zich splitsen en waartusschen smalle, bruine strepen liggen. Nog breedere strepen omringen den [405]romp, niet echter de onderste gedeelten van de pooten, die gewoonlijk beneden den elleboog en het kniegewricht effen wit zijn.

De Zebra of het Bergpaard (*Equus zebra*), dat ongeveer even groot is als de vorige soort, heeft over het geheele lichaam, ook over de pooten, strepen, en is hieraan gemakkelijk van den Dauw te onderscheiden. Zijn lichaamsbouw gelijkt minder op dien van het Paard dan op dien van den Ezel en meer bepaaldelijk van den Dziggetai. De op slanke, goed gebouwde pooten rustende romp is vol en krachtig, de hals gebogen, de kop kort, de snuit gezwollen; de staart is middelmatig lang, over het grootste deel van zijn lengte kort en alleen bij de spits lang behaard, hij gelijkt dus op dien van den Ezel; de manen zijn dicht, maar zeer kort. Op witten of geelachtigen grond loopen van den snuit tot aan de hoeven dwarsstrepen van glanzig zwarte of roodbruine kleur; alleen de achterzijde van den buik en de binnenzijde van het bovenlichaam zijn niet gestreept. De donker bruinzwarte, overlangsche streep op den rug is eveneens aanwezig, een tweede loopt langs het onderlijf.

Het eigenlijke vaderland van de Tijgerpaarden is Zuid- en Oost-Afrika; zij ontbreken in de keerkringsgewesten van de westelijke helft van Afrika en in het geheele Kongo-gebied, met uitzondering van het meest afgelegen, zuidoostelijk deel. De Quagga wordt gevonden in de noordwaarts van het Kaapland gelegen Kalahari-woestijn en in Duitsch Zuidwest-Afrika tot aan den Kunene, bovendien in de Zuid-Afrikaansche Republiek. Verder op bij de Zambesi en de Kunene komt de Bonte Quagga voor. De Zebra, die aan bergachtige gewesten de voorkeur geeft, bewoont hetzelfde gebied als de beide andere soorten en is nog verder verbreid: in het Kaapland wordt hij ook thans nog gevonden; noordwaarts komt hij aan de westzijde tot in Benguela, aan de oostzijde tot op ongeveer 12° Z.B. voor.

De Tijgerpaarden leven gezellig. Gewoonlijk ziet men wel 10 à 30 stuks bijeen; vele berichten maken melding van gezelschappen, die uit honderden individuën bestonden; waarschijnlijk verhuisden deze van het eene gewest naar een ander. Steeds ziet men iedere soort afzonderlijk. Misschien zijn de Tijgerpaarden van de eene soort voor die van de andere bevreesd. Andere dieren schuwen zij echter niet: zoo melden alle onderzoekers eenstemmig, dat men tusschen de Quagga-kudden bijna geregeld Springbokken en Bonte Bokken, Gnoes, en Struisen, maar ook Buffels vindt. Vooral de Struisen zijn, naar gezegd wordt, de standvastige begeleiders van de genoemde Wilde Paarden; de reden hiervan zal wel zijn, dat deze met de waakzaamheid en de voorzichtigheid van de genoemde reuzen uit de Vogelklasse hun voordeel kunnen doen.

Alle Tijgerpaarden zijn buitengewoon snelle, bewegelijke, waakzame en schuwe dieren. Vlug als de wind snellen zij voort, door de vlakte zoowel als in bergstreken.

Het inhalen van zulk een aaneengesloten kudde van Tijgerpaarden, valt den goed bereden jager niet moeielijk, hoewel een alleenloopend dier gemakkelijk den vlugsten ruiter ontkomt. Men verhaalt, dat de jonge Quaggas wanneer het den vervolger gelukt met het Paard in de kudden door te dringen en de veulens van de moeder te scheiden, zich gewillig gevangen geven en het Paard volgen, zooals zij vroeger hun eigen moeder deden. Er schijnt over 't algemeen tusschen de Tijgerpaarden en de Eenhoevige huisdieren een zekere vriendschap te bestaan; de Gewone en de Bonte Quaggas althans volgen, naar men zegt, niet zelden de Paarden van de reizigers en grazen rustig op dezelfde weide.

De Tijgerpaarden zijn niet bijzonder keurig op hun voedsel, hoewel zij hunne eischen hooger stellen dan de Ezels. Hun vaderland biedt hun genoeg voedsel aan voor hun levensonderhoud; wanneer op de eene plaats gebrek begint te heerschen, zoeken zij andere meer begunstigde plaatsen op.

De stem van de Tijgerpaarden verschilt evenzeer van het hinneken van het Paard als van het balken van den ezel. Volgens de door CUVIER gegeven beschrijving laat de Quagga wel 20-maal achtereenvolgens de klanken "oa, oa" hooren; sommige reizigers omschrijven dit geluid door "kwè, kwè" of "kwèhè" en leiden hiervan den Hottentotschen naam van dit dier af. Het geluid van den Dauw gelijkt op "joe, joe, joe"; deze kort afgebroken klanken verneemt men althans van het gevangen dier, zelden meer dan driemaal achtereen.

Alle zintuigen van de Tijgerpaarden zijn goed ontwikkeld. Het oor ontgaat niet het geringste gedruisch, hun oog laat zich slechts uiterst zelden bedriegen. Wat geestesgaven betreft, komen alle soorten tamelijk wel met elkander overeen. Een onbegrensde neiging tot vrijheid, uitgelatenheid, een zekere wildheid, ja zelfs boosaardigheid en een groote moed zijn hun allen eigen. Dapper verweren zij zich door schoppen en bijten tegen Roofdieren. De Hyenas laten hen wijselijk met vrede. Waarschijnlijk is de machtige Leeuw in staat een Tijgerpaard te overmeesteren; de vermetele Luipaard valt waarschijnlijk alleen de zwakste exemplaren aan. Ook de Tijgerpaarden hebben tot ergsten vijand de mensch. De moeielijkheid van de jacht en het fraaie vel, dat op velerlei wijze gebruikt wordt, lokken den jager aan tot het vervolgen van dit wild, dat over 't geheel genomen onschadelijk genoemd mag worden. De Europeaan doodt het met den kogel, de inboorling met de werpspeer; nog vaker echter worden deze dieren in valkuilen gevangen en daarna met geringe moeite gedood of voor de gevangenschap bestemd.

Ten onrechte werden de Tijgerpaarden vroeger voor ontembaar gehouden. Vele pogingen tot het temmen van deze prachtige dieren hebben blijkbaar niet op de juiste wijze plaats gehad, of zijn niet lang genoeg voortgezet. Enkele gelukten, anderen leidden niet tot de gewenschte uitkomst. Meermalen zijn reeds Quaggas voor het trekken van rijtuigen of voor het dragen van lasten afgericht; in Engeland had men een paar van deze fraaie dieren zoo ver gebracht, dat men ze voor een lichten wagen spannen en evenals met Paarden met hen rondrijden kon. Andere berichten maken melding van mislukte africhtingsproeven. SPARRMANN verhaalt, dat een rijke kolonist aan de Kaap, die eenige jong gevangene Zebras had laten opfokken en over hun opvoeding tevreden scheen te zijn, eens op het denkbeeld kwam deze nieuwmodische koetspaarden voor den wagen te spannen. Hij nam zelf de teugels ter hand en reed met zijne harddravers weg. De rit had zeer schielijk plaats, want kort daarna bevond de gelukkige eigenaar zich weer in den gewonen stal zijner dieren en had zijn vernielden wagen naast zich.

Deze en dergelijke ervaringen hebben de Kapenaars tot de meening gebracht, dat het temmen van de Tijgerpaarden niet mogelijk is; vele deskundigen twijfelen er echter niet aan, dat mettertijd ook de bonte paarden den mensch dienstbaar zullen zijn. BARROW beweert, [406]dat de goede uitslag zeker is, wanneer men met meer omzichtigheid en geduld handelt dan de Hollandsche Afrikaanders deden.

Alle Tijgerpaarden verdragen zonder bezwaar de gevangenschap in Europa. Als zij goed gevoederd en ook overigens goed behandeld worden, blijven zij niet slechts gezond, maar planten zich ook voort, zelfs wanneer zij in een beperkte ruimte opgesloten zijn. Het is gebleken, dat de Tijgerpaarden niet alleen onderling, maar ook met andere Eénhoevigen gekruist kunnen worden. Tot dusver heeft men reeds hybriden verkregen na paring van een Zebra-hengst met een Ezelin, van een Ezel-hengst met een Zebra-merrie, van een Dziggetai-hengst met een Zebra-merrie, van een Dziggetai-hengst met een Quagga-merrie, van een Dziggetai-hengst met een Ezelin, van een hengst, die een bastaard van een Zebra-hengst en een Ezel was, met een Pony-merrie, van een hengst door kruising van een Ezel met een Zebra-merrie ontstaan met een Pony-merrie. De beide laatstgenoemde gevallen leveren nieuwe bewijzen voor de vruchtbaarheid van bastaarden.

Als naaste verwanten van de Paarden in de hedendaagsche dierenwereld mag men de Tapirs (*Tapiridae*) beschouwen, een familie van betrekkelijk kleine, plomp gebouwde dieren, welke zich onderscheiden door een goed gevormden romp met langwerpigen, schralen kop, slanken hals, een kort staartstompje en middelmatig hooge, krachtige pooten. De overeind staande ooren zijn kort en tamelijk breed, de scheef geplaatste oogen daarentegen klein. De bovenlip is bij wijze van een slurf verlengd en hangt ver over de onderlip naar beneden. De pooten zijn krachtig; de voorpooten hebben vier, de achterpooten drie teenen. Het stevige vel ligt overal glad tegen de overige lichaamsdeelen aan. De beharing is kort, maar dicht, bij de Amerikaansche soorten van het midden van den kop tot aan het kruis bij wijze van manen verlengd. Het gebit bestaat uit drie snijtanden en één hoektand in iedere kaakhelft met 7 maaltanden in iedere helft van de bovenkaak en 6 in iedere onderkaakshelft. Het geraamte onderscheidt zich door den betrekkelijke slanken vorm der beenderen.

Van de 3 of 4, voor 't meerendeel in Amerika levende soorten dezer familie is minstens één ons reeds sedert langen tijd bekend, terwijl de overige soorten eerst in den laatsten tijd ontdekt, beschreven en onderscheiden werden. Wel is het opmerkelijk, dat de Amerikaansche Tapir het eerst in de wetenschappelijke werken werd opgenomen, en dat, ondanks het levendige verkeer met Indië en Zuid-Azië, de eerste betrouwbare berichten over den Indischen Tapir niet vóór het begin van deze eeuw (n.l. in 1819, door bemiddeling van CUVIER) tot ons zijn gekomen. Bekend was dit dier reeds lang vóór dien tijd, maar niet aan ons, wel aan de Chinezen, welker leer- en schoolboeken reeds sinds lang van deze soort melding maakten. Bij de Tapirs merkt men hetzelfde verschijnsel op als bij andere familiën, die zoowel in de Oude als in de Nieuwe Wereld vertegenwoordigd zijn, n.l. dat de soorten van de Oude Wereld edeler van vorm, men zou kunnen zeggen volkomener zijn dan die, welke in de Nieuwe Wereld leven.

De Indische Tapir of Schabrak-Tapir (*Tapirus indicus*) onderscheidt zich van zijne verwanten door aanzienlijker grootte en door zijn betrekkelijk slanken lichaamsbouw; van den kop is het aangezichtsgedeelte dunner, de schedel meer gewelfd; de slurf is forscher en langer, de pooten zijn krachtiger, de manen ontbreken, ook de kleur is anders. Vooral de bouw van de slurf is, naar het mij voorkomt, belangrijk voor het herkennen van dit dier. Terwijl deze bij de Amerikaansche Tapirs duidelijk te onderscheiden is van den snuit en door zijn afgeronden vorm op een buis gelijkt, gaat de bovenste helft van den snuit bij den Schabrak-tapir onmerkbaar in de slurf over en gelijkt deze op de dwarse doorsnede veel op de slurf van den Olifant; zij is n.l. aan de bovenzijde afgerond, aan de onderzijde recht afgesneden.

Zeer eigenaardig is de kleur van het hoogst gelijkmatige haarkleed. Bij de zuiver donkerzwarte grondkleur steekt de grijsachtig witte, duidelijk begrensde schabrak sterk af. Volgens nauwkeurige metingen aan een volwassen wijfje bedroeg de totale lengte 2.5 M.

met inbegrip van het 8 cM. lange staartstompje, bij 1 M. schouder- en 1.05 M. kruishoogte. Het verbreidingsgebied van dit dier begint op ongeveer 15° N.B. en strekt zich van hier zuidwaarts uit over Tenasserim en Siam, het Maleische Schiereiland, Sumatra en Borneo.

In 1820 kwamen voor 't eerst een huid, een geraamte en verscheidene ingewanden van het tot aan dien tijd nog slechts zeer onvolledig bekende dier in Europa aan. Sedert dien tijd is onze bekendheid met den Schabrak-tapir aanmerkelijk toegenomen, maar toch ontbreekt er nog steeds veel aan. Van zijn leven in de vrije natuur weten wij nog niets; ook de waarnemingen over het leven van dit dier in de gevangenschap vereischen in vele opzichten nog aanvulling. STERNDALE noemt het schuw en zegt dat het een verborgen leven leidt, maar dat het, jong gevangen, goed getemd kan worden en zeer gehecht wordt aan zijn verzorger.

Korte manen in den nek en een effen haarkleed kenmerken den Gewonen Amerikaanschen Tapir, die in Brazilië Anta of Danta wordt genoemd (*Tapiris terrestris*). Met deze soort is men het vroegst bekend geworden. De reizigers spraken reeds weinige jaren na de ontdekking van Amerika over een daar levend, groot dier, dat zij voor een Nijlpaard hielden en daarom *Hippopotamus terrestris* noemden. Een uitvoerige beschrijving, waaraan een afbeelding is toegevoegd, werd er eerst omstreeks het midden van de 18e eeuw van gegeven door den zeer verdienstelijken GEORG MARCGRAV. Deze eerste beschrijving werd later door verschillende reizigers en onderzoekers aangevuld, zoodat wij tegenwoordig over weinige groote dieren beter onderricht zijn dan juist over dezen Tapir. De romp is bedekt met een tamelijk gelijkmatig haarkleed, dat alleen van 't midden van den bovenkop langs den nek tot aan de schouders stijve manen vormt, die echter niet bijzonder lang worden. De kleur hiervan is zwartachtig grijsbruin, aan de zijden van den kop, vooral echter aan den hals en aan de borst, iets lichter; de voeten en de staart, de middellijn van den rug en van den kop zijn gewoonlijk donkerder van kleur; de ooren zijn witachtig grijs gezoomd. Verscheidene afwijkingen komen voor: er zijn vale, grijze, geelachtige en bruinachtige exemplaren. Bij de jonge dieren vertoont alleen de rug de grondkleur van de oude; de bovenzijde van den kop is bij hen dicht bezet met witte, kringvormige vlekken; langs iedere zijde van den romp loopen vier onafgebroken reeksen van punten van lichtere kleur, die zich ook over de ledematen uitstrekken. Met toenemenden leeftijd verlengen deze vlekken zich tot strepen en na het einde van het [407]tweede jaar verdwijnen zij geheel. Volgens de metingen van TSCHUDI kan de Tapir wel 2 M. lang en 1.7 M. hoog worden, volgens KAPPLER bedraagt zijn schouderhoogte bij deze lengte ternauwernood 1 M. Opmerkelijk is het, dat deze maximale afmetingen niet voorkomen bij mannetjes, maar bij wijfjes, en dat deze in den regel de grootste zijn.

Anta (*Tapirus terrestris*) 1/16 v.d. ware grootte.

Volgens de nieuwste onderzoekingen schijnt het vaderland van den Tapir beperkt te zijn tot het zuiden en oosten van Zuid-Amerika, en wordt hij in 't noorden en westen van dit faunistisch rijk vervangen door zeer na verwante, maar duidelijk verschillende soorten en wel in de hooge gedeelten van den Andes-keten van

Bogota tot Quito door den Bergtapir (*Tapirus pinchacus*), in Centraal-Amerika door Baird's Tapir (*Tapirus Bairdii*).

Om een levensbeschrijving van de Tapirs te geven, staan ons nagenoeg geen andere hulpbronnen ten dienste dan de mededeelingen van Azara, Rengger, den Prins von Wied, Tschudi, Schomburgk en anderen over de Amerikaansche soorten, want over de levenswijze van den Schabrak-tapir bezitten wij geen uitvoerige berichten. Alle soorten gelijken trouwens zooveel op elkander, dat het voldoende is van één hunner den handel en den wandel na te gaan.

Alle Tapirs houden zich op in het woud en vermijden angstvallig de niet met boomen bezette gedeelten. Door den voorwaarts dringenden mensch worden zij teruggedrongen; zij nemen de wijk naar dieper gelegen deelen van de wouden, terwijl, volgens Hensel, de overige dieren van de Zuid-Amerikaansche keerkringslanden zich in omgekeerde richting naar de ontgonnen gedeelten van het woud begeven. In de wildernissen van de Zuid-Amerikaansche oerwouden loopen de Tapirs regelmatige paden uit, die moeielijk onderscheiden kunnen worden van de wegen der Indianen en den onervaren reiziger licht verleiden tot het volgen van een verkeerde richting. De dieren maken van deze wildpaden gebruik, zoo lang zij niet gestoord worden; wanneer de angst hen bevangt, banen zij zich zonder eenige merkbare inspanning een weg door het meest verwarde mengelmoes van takken, slingerplanten en struiken.

De Tapirs gaan bij voorkeur gedurende de schemering hun voedsel zoeken. "Wij hebben," zegt Tschudi, "de dichte oerwouden, waarin een groot aantal Tapirs leven, maanden lang doorkruist, zonder er in den loop van den dag ooit een te ontmoeten. Naar het schijnt, houden zij zich dan uitsluitend op in het dichte struikgewas op koele, schaduwrijke plaatsen, bij voorkeur in de nabijheid van stilstaand water, waarin zij zich gaarne wentelen." In zeer donkere wouden, waar zij in 't geheel niet verontrust worden, zwerven zij echter ook over dag rond. In den zonneschijn bewegen zij zich hoogst ongaarne en gedurende de eigenlijke middaguren zoeken zij steeds op de meest beschaduwde plaatsen van het woud zich te vrijwaren tegen de verslappende hitte en nog meer tegen de Muggen, waarvan zij zeer veel te lijden hebben. "Wanneer men," zegt de

Prins VON WIED, "in den vroegen morgen of des avonds zachtjes en zonder gedruisch te maken de rivieren bevaart, krijgt men dikwijls Tapirs te zien, die zich baden om zich te verfrisschen of voor de steken van Muggen en Vliegen te beveiligen. Werkelijk verstaat geen enkel dier beter de kunst om zich deze lastige gasten van 't lijf te houden: elke modderpoel, iedere beek of vijver wordt met dit doel door den Tapir opgezocht en gebruikt. Wanneer dit dier geschoten wordt, vindt men daarom zijn huid met aarde en slijk bedekt." Tegen den avond gaan de Tapirs hun voedsel zoeken: waarschijnlijk zijn zij des nachts voortdurend in beweging. Hun levenswijze gelijkt wel eenigszins op die van ons Wild Zwijn; zij vereenigen zich echter niet tot zulke groote benden als de dieren van deze soort, maar leven meer afzonderlijk op de wijze van de Neushoorndieren. [408]Vooral de mannetjes leven, naar men zegt, in afzondering en zoeken alleen in den paartijd de wijfjes op. Hoogst zelden treft men familiën aan, en gezelschappen van meer dan drie individuën werden tot dusver alleen op buitengewoon goede, vette weiden gevonden.

De bewegingen van de Tapirs herinneren aan die van de Zwijnen. Hun gang is langzaam en voorzichtig; de eene poot wordt bedachtzaam voor de andere gezet, de kop intusschen naar den grond gebogen; de snuffelende slurf, die onophoudelijk heen en weer gedraaid wordt en de ooren, die voortdurend in beweging zijn, brengen leven in de overigens zeer traag schijnende gestalte. De Tapir is een voortreffelijke zwemmer en een nog beter duiker, die zonder aarzeling over de breedste rivieren zwemt, niet alleen als hij vlucht, maar bij iedere gelegenheid.

De voortreffelijkste zinnen van den Tapir, de reuk en het gehoor, staan waarschijnlijk op denzelfden trap van ontwikkeling; het gezicht is zwak. De slurf is een zeer gevoelig tastwerktuig, en wordt voor dit doel veelvuldig gebruikt.

De stem is een eigenaardig, schril gefluit, dat in 't geheel niet geëvenredigd is aan de grootte van het dier.

Alle Tapirs zijn, naar het schijnt, goedhartige, vreesachtige en vreedzame dieren, die alleen in den hoogsten nood van hunne wapens gebruik maken. Zij vluchten voor iederen vijand, zelfs voor het kleinste hondje; het bangst zijn zij echter voor den mensch, wiens overmacht zij wel hebben ingezien. Dit blijkt reeds hieruit, dat zij in de nabijheid van plantages veel voorzichtiger en schuwer zijn dan in het onbetreden woud. Op dezen regel zijn echter uitzonderingen. In sommige omstandigheden stellen zij zich te weer, en zijn dan tegenstanders, waarmede rekening gehouden dient te worden. Door woede verblind vallen zij hun vijand aan, en trachten hem omver te loopen; ook gebruiken zij hunne tanden wel op de wijze van onze Wilde Zwijnen. Zoo handelen de moeders, wanneer zij hunne jongen verdedigen, die door de jagers bedreigd worden. Zij stellen zich dan zonder aarzeling aan gevaar bloot. Wie gedurende langen tijd gevangen Tapirs heeft nagegaan, komt tot de overtuiging, dat zij, wat hunne geestesgaven betreft, hooger staan dan het Neushoorndier en het Nijlpaard, en ongeveer met het Zwijn op een lijn gesteld moeten worden. "Een jong gevangen Tapir," zegt RENGGER, "geraakt na een gevangenschap van slechts weinige dagen zoozeer aan den mensch en diens woning gewend, dat hij ze niet meer verlaat. Hij wordt onrustig, als zijn oppasser lang achtereen wegblijft, en zoekt hem, als hij hiertoe in de gelegenheid is, overal op. Door iedereen laat hij zich trouwens aanraken en liefkoozen." KAPPLER, die dikwijls jonge Tapirs heeft opgevoed, verhaalt, dat hij ze steeds na verloop van korten tijd weggaf, omdat zij door hun te groote gemeenzaamheid zeer lastig werden; een volwassen dier trok eens van een gedekte tafel het laken met al wat er op stond, naar beneden. — De door mij verzorgde gevangenen hebben deze waarnemingen bevestigd. Zoowel de Indische als de Amerikaansche Tapir waren hoogst goedaardige dieren. Zij waren volkomen tam, vreedzaam gezind tegen ieder dier, en toonden genegenheid aan bekenden. — KELLER LEUZINGER is van oordeel, dat de Anta een huisdier zou kunnen worden. Volgens hem worden jong gevangen dieren reeds na weinige dagen zoo tam als Honden, en denken in 't geheel niet meer aan ontvluchten. "In Curitiba, hoofdstad van de provincie Parana," verhaalt onze zegsman, "liep een tamme Tapir, die aan niemand toebehoorde, verscheidene jaren achtereen in de straten rond, en werd van 's morgens tot 's avonds door de negerjongens bereden. Een temperatuur van 2 à 3 graden onder het vriespunt, die daar in Juni en Juli niet tot de zeldzaamheden behoort, schenen hem weinig te hinderen."

De in vrijheid levende Tapirs voeden zich slechts met planten, en hoofdzakelijk met boombladen. In Brazilië geven zij de voorkeur aan jonge palmbladen, niet zelden echter doen zij strooptochten in de plantages en toonen dan, dat suikerriet, mango, meloenen en allerlei groenten ook van hun gading zijn.

Alle soorten van Tapirs worden door den mensch ijverig vervolgd, omdat men hun vleesch en hun vel gebruikt. Het vleesch wordt geroemd als malsch, sappig en smakelijk; de dikke huid wordt gelooid en in lange riemen gesneden, die, na afgerond en door herhaalde inwrijving met gesmolten vet lenig gemaakt te zijn, als zweepkoorden of teugels gebruikt worden.

Men jaagt den Tapir in Amerika gewoonlijk met behulp van Honden, die het vluchtende dier fel vervolgen, tot het, wat geregeld geschiedt, naar het naast bij gelegen water ijlt. Hier echter loert, in een licht schuitje aan den oever verborgen, de jager, die nu met de Honden het zwemmende en duikende wild vervolgt. Het wordt, indien de watervlakte niet te klein is, weldra door zijne vervolgers ingehaald en met een kogel of ook wel met het lange jachtmes afgemaakt. Zeer duidelijk beschrijft Von der Steinen een Tapirjacht, door hem bijgewoond gedurende zijn vaart op den Xingoe: "Valentin ontdekt een dicht bij den oever zwemmen den Tapir; allen haastten zich om aan de jacht deel te nemen. Irineo treft hem met twee kogels de eene in de flanken, de andere in de slurf, Valentin zendt hem een lading hagel om de ooren—hij ontsnapt in het woud. De Honden vervolgen hem en wij roeien zoo hard wij kunnen; op nieuw gevuurd, nogmaals ontsnapping in het struikgewas. De Honden kijken onnoozel in het water en weten niet wat zij doen zullen; de kleine Spits vindt echter het spoor en volgt dit, de andere Honden komen hem te hulp. Daar ginds op een afstand van ½ KM., is de Tapir al weer te water gegaan; wij hem zoo snel mogelijk achterna in een onbeschrijfelijke verwarring; hij komt boven en duikt weer onder; Pedro mist hem op 5 pas en schiet een pijl op hem af, die terugspringt; Merelles schiet ook dicht bij het dier langs; een ander raakt het; de booten varen bijna over elkander heen; wij trachten het wild te grijpen; onze boot slaat bijna om en schept water; de Tapir wordt met messen gestoken; de Yuruna treft hem met een pijl, en schreeuwt, opgewonden met de armen zwaaiend, dat men hem met den lasso moest vangen; Antonio's mes doet een bloedstraal uit het dier stroomen—nogmaals zwemt het onder water door; maar, tusschen twee booten bovenkomend, wordt het bij een poot gepakt, gedood en naar een nabijgelegen rots gesleept. Het is een groot exemplaar, wel zoo groot als een Muildier; in zijn haar krioelt het van bruine tieken. Fraai zien de korte, stijfharige manen er uit, gelijk aan die der Grieksche godenpaarden."

Waarschijnlijk hebben de Tapirs nog gevaarlijker vijanden dan de menschen in de groote soorten van Katten, die hetzelfde gebied bewonen. Dat de Amerikaansche Tapirsoorten fel vervolgd worden door den Jagoear, wordt door alle reizigers verzekerd; men mag wel aannemen, dat Schabrak-Tapir denzelfden last ondervindt van den Tijger.

[409]

Hoewel reeds bij uitwendige beschouwing en vergelijking van de Paarden, Tapirs en Neushoorndieren eenige van de overeenstemmende kenmerken waargenomen worden, die aanleiding hebben gegeven tot de samenvoeging van deze dieren in één zelfde orde, is het toch noodig ook de laatstgenoemde dieren te ontleden om hun verwantschap duidelijk aan te toonen.

De Neushoorndieren (*Rhinocerotidae*) zijn plomp gebouwde, logge dieren van tamelijk aanzienlijke grootte; zij onderscheiden zich door hun in 't oog loopend grooten kop, welks aangezichtsgedeelte van voren één hoorn (of twee achter elkander geplaatste hoornen) draagt; zij hebben een korten hals, een krachtigen romp, gehuld in een op een pantser gelijkende huid en nagenoeg geheel of grootendeels onbehaard, een korte staart en korte, zware, maar toch geenszins plompe pooten, welker voorvoeten en achtervoeten ieder drie teenen hebben, waarvan het eindlid door een hoef omsloten is. Ieder deel van 't lichaam heeft, zelfs wanneer men het met het overeenkomstige deel van andere Neushoorndieren vergelijkt, een eigenaardig en vreemdsoortig voorkomen. De kop is zeer langwerpig; vooral het aangezicht is buitengewoon verlengd; het schedelgedeelte daarentegen van voren naar achteren sterk samengedrukt, zoodat het voorhoofd een zeer steile helling verkrijgt; tusschen het voorhoofd en het merkbaar verhevene neusgedeelte ontstaat hierdoor een in 't midden diep uitgeholde, zadelvormige inzinking; de mondopening is in verhouding tot den kop zeer klein, het middelste deel van de bovenlip tot een vinger- of slurfvormig uitsteeksel verlengd, de onderlip afgerond of van voren recht afgesneden; het oog opmerkelijk klein, het niet ongewoon gevormde oor eerder groot dan klein, zijn buitenrand afgerond. De korte, steeds geplooide hals is dikker dan de kop en gaat zonder merkbare scheiding in den kolossalen romp over; deze onderscheidt zich zoowel door de scherpe, in 't midden uitgeholde ruglijn en den over zijn geheele lengte afgeronden en hangenden buik, als doordat hij iets hooger is in de schouders dan in het kruis; de korte staart is bij sommige naar de spits toe zijdelings sterk samengedrukt en dan tot aan het einde bijna gelijk van breedte, bij andere gestrekt kegelvormig. De pooten krommen zich als die van een Dashond van buiten naar binnen; alleen het deel, dat onder het polsgewricht en spronggewricht ligt, is recht en verticaal geplaatst; dit deel verbreedt zich gelijkmatig, totdat het den bodem bereikt, waarop het met de eivormige zool rust; de middelste van elk drietal hoeven is ongeveer dubbel zoo breed als elk der beide zijdelingsche. De steeds zeer dikke huid, die bij de meeste soorten op een pantser gelijkt, sluit bij sommige glad tegen het lichaam aan, met uitzondering van eenige weinige, niet sterk verheven plooien. Bij andere soorten bestaat zij uit verscheidene schilden, die door diepe plooien duidelijk gescheiden zijn en alleen door deze plooien een zekere bewegelijkheid verkrijgen, omdat hunne randen over elkander geschoven kunnen worden, daar waar zij verbonden zijn door de dunnere, buigzame huid, die de groeven bekleedt. Diepe rimpels omgeven de oogen en den mond en verschaffen aan de plompe, maar betrekkelijk zeer beweeglijke lippen een onverwachte lenigheid. Fijnere groeven kruisen elkander op de huid en voorzien haar met een netvormige teekening, welker mazen knobbelvormige verhevenheden van zeer regelmatige gedaante insluiten; deze vormen op de huid, vooral op de schilden, een even vreemdsoortige als bevallige versiering. De beharing bepaalt zich tot een meer of minder langen zoom om de ooren en om de platgedrukte staartspits; bij enkele soorten ook eenige plekken op den rug behaard. De hoornen, die, evenals de haren, opperhuidsvormingen zijn, bestaan uit evenwijdig loopende, uiterst fijne, ronde of kantige, van binnen holle vezels van hoornstof: zij rusten met hun breede, rondachtige grondvlakte op de dikke huid, die het aangezicht bekleedt. Niet zelden, hoewel altijd slechts bij enkele exemplaren, vertoont de opperhuid op verschillende plaatsen, het meest echter aan den kop, hoornachtige woekeringen, die een hoogte van verscheidene centimeters kunnen bereiken.

Plompheid van vorm en krachtige ontwikkeling kenmerken de beenderen. De breede en forsche neusbeenderen, die de neusholte bedekken, en door een dik neusmiddelschot gesteund worden, welks voorste gedeelte, evenals bij de andere Zoogdieren, kraakbeenig is, zijn oneffen, ruw en knobbelig daar, waar de hoorn er op rust, en wel des te meer, naarmate de hoorn grooter is. Aan het gebit ontbreken de hoektanden; bij de Afrikaansche soorten vallen de vier in elke kaak voorkomende snijtanden reeds op zeer jeugdigen leeftijd uit, terwijl er bij de Aziatische soorten gedurende het geheele leven vier in de onderkaak en twee in de bovenkaak aanwezig blijven. Voor 't overige bestaat het gebit uit zeven maaltanden in elke kaakhelft.

De Neushoorndieren bewonen tegenwoordig alleen het Oostersche en het Ethiopische faunistische rijk; zij hadden in den vóórtijd een veel uitgestrekter verbreidingsgebied. Dat van de beide uitgestorven, tweehoornige soorten, die met de namen *Rhinoceros antiquitatis* (*R. tichorhinus*) en *Rhinoceros Merckii* (*R. leptorhinus*) aangeduid worden, omvatte gedurende den ijstijd en het hieraan voorafgaande praeglaciale tijdvak geheel Noord- en Centraal-Azië met inbegrip van Siberië en China, bovendien Noord- en Midden-Europa. Bij beide was het neusmiddelschot ook van voren verbeend. Hierdoor verkreeg de voorste en grootste van de beide hoornen steun; de achterste rustte op het voorhoofdsbeen. Van beide soorten zijn volledige lijken met huid, haren en goed geconserveerde weeke deelen gevonden in den bevroren bodem van de moerassige landstreek, die den mond van den Jeniseï van dien van den Lena scheidt. In het St. Petersburger Museum worden deelen van deze merkwaardige lijken bewaard, welke bewijzen, dat de Neushoorndieren van den IJstijd met een dicht, wollig haarkleed bedekt waren en dat hun huid de eigenaardige plooien van de thans levende, tropische vormen miste. In Noord-Azië, van den Ob tot aan de Beringstraat is er geen rivier in het vlakke land, aan welks oevers geen beenderen van voorwereldlijke dieren vooral van Olifanten, Buffels en Neushoorndieren gevonden worden.

Onze kennis van de hedendaagsche soorten is in den laatsten tijd aanmerkelijk uitgebreid, maar laat in sommige opzichten nog veel te wenschen over. FLOWER heeft in het jaar 1876 deze familie op nieuw bewerkt. Naar het gebit en de huidplooien onderscheidt de genoemde onderzoeker drie hoofdgroepen van Neushoorndieren. Tot de eerste rekent hij alle soorten met in schilden verdeelde, tot de tweede die met minder geplooide huid, tot de derde de soorten zonder blijvende huidplooien.

*

Blijvende snijtanden (zie boven), één hoorn en goed ontwikkelde hals- en lendenplooien, die met de overige huidplooien schildvormige velden omgeven, en de als [410]harnas dienende huid in pantserplaten verdeelen, kenmerken de Gepantserde Neushoorndieren (*Rhinoceros*), vertegenwoordigd door twee welbekende, levende soorten.

De Indische Neushoorn (*Rhinoceros unicornis*) bereikt, met inbegrip van den 60 cM. langen staart, een lengte van 3.75 M. een schouderhoogte van 1.7 M. en een gewicht van omstreeks 2000 KG. De hoorn wordt 60 à 65 cM. lang. Zeer krachtig en plomp gebouwd, onderscheidt dit dier zich van zijne verwanten door den betrekkelijk korten, breeden en dikken kop en de eigenaardige begrenzing der huidschilden. Het bewoont thans nog het noordelijk deel van Indië en het Zuiden van China.

De andere soort van het ondergeslacht is de Wara, de Javaansche Neushoorn der Europeesche handelaars (*Rhinoceros sondaicus*), die echter niet tot Java beperkt is, maar een uitgestrekter verbreidingsgebied heeft dan de vorige soort, daar hij ook in Achter-Indië (n.l. in Birma, Pegoe en Tenasserim) voorkomt. De huidplooien zijn hier zeer diep, maar de door haar begrensde velden hebben een anderen vorm dan bij de vorige soort; korte, zwarte borstels komen verspreid over het geheele lichaam voor. Evenals de Indische Neushoorn is ook de Javaansche vuil bruingrijs van kleur. Zijn hoorn wordt hoogstens 25 cM. lang. De lichaamslengte bedraagt, met inbegrip van den 50 cM. langen staart, 3 M., terwijl de schouders 1.4 M. hoog zijn.

*

De Half-gepantserde Neushoorndieren (*Ceratorhinus*) hebben onvolledig ontwikkelde hals- en lendenplooien, die de huid wel in gordels, maar niet in schilden verdeelen. Zij hebben twee achter elkander geplaatste, betrekkelijk korte hoornen en komen, wat hun gebit betreft, met de dieren der vorige groep overeen.

De eenige vertegenwoordiger van dit ondergeslacht is de Badak of Sumatraansche Neushoorn (*Rhinoceros sumatranus*), de kleinste van de tot dusver genoemde, daar zijn lichaamslenge, met inbegrip van 55 cM. langen staart, 3.35 M. bedraagt, bij een schouderhoogte van 1,5 M.; de voorste hoorn is 25, de achterste 12 cM. lang. De huid is verspreid borstelig behaard en grijsbruin van kleur.

*

Het volkomen ontwikkelde gebit van de Afrikaansche Neushoorndieren, die het derde ondergeslacht (*Atelodus*) vormen, is gekenmerkt door het ontbreken van alle snijtanden. De gladde, gelijkvormige en onbehaarde huid is alleen op de verbindingsplaats van hals en romp duidelijk geplooid en zoomin in schilden als in gordels verdeeld. Deze dieren zijn met twee slanke, achter elkaar geplaatste hoornen gewapend.

De meest bekende vertegenwoordiger van het ondergeslacht [411]is de Zwarte Neushoorn der Zuid-Afrikaansche Boeren en Engelsche jagers, die door de inboorlingen van Zuid-Afrika Borele en, als de achterste hoorn zeer lang is, Keitloa genoemd wordt (*Rhinoceros bicornis*). Zijn kleur wisselt af tusschen donker leikleurig grijs, dat de overhand heeft en vuil roodbruin. Geheel volwassen mannetjes hebben, met inbegrip van den ongeveer 60 cM. langen staart, een totale lengte van 4 M., bij 1,4 M. schouderhoogte. De meer of minder sterk achterwaarts gebogen hoornen zijn 70 à 80 cM. lang. Slechts bij uitzondering is de achterste hoorn nagenoeg even lang of iets langer dan de voorste; bij de meeste exemplaren bereikt hij niet de helft van de lengte van den voorsten; dikwijls is hij slechts een kort stompje.

Zwarte Neushoorn (*Rhinoceros bicornis*). 1/20 v.d. ware grootte.

Het verbreidingsgebied van dit dier is vooral van 't zuiden af aanmerkelijk ingekrompen, maar is nog steeds zeer uitgestrekt, daar het een groot deel van Afrika omvat en wel voornamelijk de oostelijke helft, ongeveer van 15° N.B. tot aan de zuidkust.

De grootste soort van de geheele familie is die, welke door de Hollandsch sprekende bewoner van Zuid-Afrika Witte Neushoorn, door de inboorlingen Monoehoe, Kobâba of Tsjikori (*Rhinoceros simus*) wordt genoemd. Met inbegrip van den 60 cM. langen staart heeft hij een lengte van ruim 5 M. Bijna ⅓ van deze lengte komt op den kop, die twee hoornen draagt, waarvan de voorste een lengte van 1 M. heeft en in den regel zwak naar voren gebogen is, de achterste daarentegen klein blijft. Grootendeels is zijn kleur lichtgeel à lichtgrijs of bleekgrijsbruin, op de schouders en dijen en het onderlijf iets donkerder. Aan den buitengewoon langen kop is opmerkelijk de stompe snuit; hieraan ontbreekt het slurfvormige uitsteeksel, dat bij de overige leden der familie aan de bovenlip voorkomt; hij gelijkt hierdoor op den snuit van een Rund. Dit dier bewoont de zuidelijke helft van Afrika.

De ouden hebben den Neushoorn zeer goed gekend. Volgens PLINIUS bracht POMPEJUS, behalve den Los uit Gallië en den Baviaan uit Ethiopië, het eerste Eénhoornige Neushoorndier in het jaar 61 voor Chr. naar de kampspelen te Rome. De eerste schrijver, die van dit dier melding maakt, is AGATHARCHIDES; op hem volgt STRABO, die te Alexandrië een Neushoorn gezien heeft. PAUSANIAS noemt hem het "Ethiopische Rund". MARTIALIS wijdt aan beide soorten eenige dichtregelen. Van den Eénhoornigen zegt hij:

> "Op de ruime vlakte, o Caesar, voert de Neushoorn
> Kampstrijden uit, zooals nimmer nog gezien zijn.
> Hoe stormde in grimmige woede ontstoken het ondier nader!
> Hoe machtig door zijn hoorn, waarvoor slechts een bal was de Stier!

Van den Tweehoornigen Neushoorn wordt gezegd:

> "Terwijl de mannen trachtten den Neushoorn ten strijde te prikkelen,
> Den verkropten toorn van den reus langzaam deden zwellen,
> Verloor het volk door het lange wachten de hoop op den strijd,
> Maar de gewone woede keert dra in het monster terug;
> Met den dubbelen hoorn heft hij den geweldigen Beer op,
> Zooals de Stier de stroopoppen tot de sterren omhoog werpt."

De Arabische schrijvers hebben de beide soorten reeds zeer vroeg genoemd en den Indischen Neushoorn van den Afrikaanschen onderscheiden; in hunne sprookjes komen beide niet zelden als bovennatuurlijke wezens voor. MARCO POLO, de bekende reiziger, wiens geschriften voor de dierkunde zoo belangrijk zijn, is de eerste, die, na een langdurig tijdvak, waaruit geen berichten over den Neushoorn tot ons gekomen zijn, het stilzwijgen verbreekt. Hij had het in de 13e eeuw op zijn reis door Indië, en wel op Sumatra, weder gezien. In het jaar 1513 kreeg de koning van Portugal uit Oost-Indië een levenden Neushoorn. De mare van het bestaan van dit vreemdsoortige dier verbreidde zich over alle landen. ALBRECHT DÜRER gaf een houtsnee in 't licht, die hij naar een slechte, uit Lissabon afkomstige afbeelding gemaakt had. Hierop is het dier voorgesteld, alsof het met schabrakken bedekt en met pantserschubben aan de voeten bekleed is; ook draagt het een kleinen hoorn op den schouder. Bijna 200 jaren lang was deze houtsnede van den beroemden graveur de eenige afbeelding, die men van het Neushoorndier had. Eerst door CHARDIN, die te Ispahan een Neushoorndier zag, werd in 't begin van de vorige eeuw een betere afbeelding gegeven. Een betere levensbeschrijving gaf BONTIUS reeds omstreeks het midden van de 17e eeuw.

Over 't geheel genomen komen alle Neushoorndieren in levenswijze, aard, eigenschappen, bewegings- en voedingswijze met elkander overeen, hoewel van iedere soort eigenaardigheden bericht worden. Onder de Aziatische soorten b.v. staat het Indische Neushoorndier als een buitengewoon boosaardig dier bekend; het Javaansche wordt veel goedaardiger genoemd en het Sumatraansche is dit, volgens de beschrijvingen, in nog hoogere mate. Een soortgelijk verschil merkt men tusschen de Afrikaansche soorten op. Het zwarte Neushoorndier wordt, ondanks zijn betrekkelijk geringe grootte, als het kwaadaardigste van alle Afrikaansche dieren beschouwd, terwijl de Witte Neushoorn geheel onschadelijk heet te zijn. Eenige grond zal er wel bestaan voor deze verschillende karakterschetsen; de volle waarheid zal echter wel zijn, dat iedere Neushoorn, die voor de eerste maal een mensch ontmoet, en niet getergd wordt, zich goedaardig toont, maar bewijzen geeft van boosaardigheid, wanneer onaangename ervaringen zijn verstand gescherpt en hem vertoornd hebben.

De Neushoorndieren bewonen bij voorkeur een zeer waterrijk gebied; moerassige gewesten, rivieren, die ver buiten hunne oevers treden, meren met slijkerige, door struikgewas omgeven oevers, in welker nabijheid zich grasrijke weidegronden bevinden, bosschen, die door beken doorsneden zijn en dergelijke plaatsen. De Afrikaansche soorten gedijen echter ook zeer goed in gewesten, die rijk aan gras en struiken, maar bijzonder droog zijn, wanneer zij hier op niet te grooten afstand poelen aantreffen. Voor zulke zware, zoo goed gepantserde dieren opent zelfs de meest verwarde wildernis hare voor andere dieren ontoegankelijke verborgenheden; zelfs de vreeselijkste doornen zijn buiten machte den Rhinoceros te keeren. Om deze reden ontmoet men de meeste soorten bijzonder veelvuldig in bosschen, reeds bij het zeestrand, sommige echter in hooge gewesten nog regelmatiger en overvloediger dan in lage. Ieder Neushoorndier bezoekt waarschijnlijk minstens éénmaal per dag het een of andere water, om hier te drinken en zich in het slijk te wentelen. Een slijkbad is een levensbehoefte voor alle op het land levende "dikhuidige" dieren; want, hoezeer ook deze naam (die vroeger op alle Onevenvingerigen, met uitzondering van de Eénhoevigen, en bovendien op de Zwijnen, Nijlpaarden en Slurfdieren werd toegepast) door den aard van hun vel gerechtvaardigd wordt, toch zijn zij zeer gevoelig voor de steken van de Vliegen, Bremzen en Muggen; tegen deze boosaardige, kleine [412]vijanden kunnen zij zich eenigermate beschutten en zich tijdelijk rust verschaffen door zich met een dikke laag slijk te bedekken. Voordat zij uitgaan om te fourageeren, zoeken de Neushoorndieren de weeke oevers van de meren, poelen en rivieren op, en woelen een gat in den modder, waarin zij zich rondwentelen en omdraaien, totdat de rug en de schouders, de zijden en het onderlijf met slib bedekt zijn. Hoe prettig zij dit ploeteren in den modder vinden, blijkt uit hun luid geknor; zelfs verliezen zij door het hun zoo aangename bad niet zelden hun gewone waakzaamheid uit het oog.

De Neushoornen zijn meer des nachts dan over dag in de weer. Een groote hitte is hun zeer onaangenaam; zoolang deze heerscht, slapen zij op de een of andere schaduwrijke plaats, half op de zijde, half op den buik liggend; de kop is vooruitgestoken of rust op den grond; soms echter staan zij traag in een stil gedeelte van het woud, waar zij door de boomen tegen de zonnestralen beschut zijn. Volgens alle berichten slapen deze dieren zeer vast. Niet zelden is het gebeurd, dat men slapende Neushoornen zonder eenige voorzorgsmaatregelen kon naderen; zij geleken op gevoellooze rotsblokken en verroerden zich niet. Gewoonlijk is het dreunende gesnurk van den slapenden Neushoorn op een vrij grooten afstand hoorbaar, en trekt het zelfs de aandacht van hem, die het rustende dier niet ziet. Soms echter geschiedt de ademhaling zonder gedruisch, zoodat de reiziger niet gewaarschuwd werd voor de aanwezigheid van het reusachtige dier, dat hij plotseling voor zich ziet liggen.

Met het aanbreken van den nacht, in vele gewesten echter reeds in de middaguren, staat de Neushoorn op, rekt en strekt zich behaaglijk in zijn slijkbad, en gaat nu grazen. Hij zoekt voedsel in dichte, voor andere dieren ternauwernood toegankelijke wouden en in open vlakten, in het water en in de met riet begroeide moerassen, op de bergen en in het dal. In de dsjungels van Indië heeft hij lange, lijnrechte wegen gebaand, door het breken en zijwaarts buigen van alle planten, die hem in den weg stonden, en door het vasttrappen van den grond; ook in de binnenlanden van Afrika ziet men zulke paden.

Het Neushoorn dier vreet boomtakken en allerlei harde struiken, distels, brem, biezen, steppengras, enz., maar is volstrekt niet afkeerig van saprijker voedsel. Te dezen aanzien bestaat dus tusschen hem en den Olifant een soortgelijk verschil, als tusschen den Ezel en het Paard. In Afrika voedt de Zwarte Neushoorn zich hoofdzakelijk met twijgen, vooral met die van de daar zeer veelvuldig voorkomende, doornachtige Minosa's; de Witte Neushoorn echter eet, in verband met den vorm van zijn onderlip, gras, dat in bosjes bijeen groeit. Dikwijls richten deze dieren, in streken waar akkerbouw voorkomt, groote verwoestingen aan. Bovendien vernielen en vertrappen zij daar nog veel meer dan zij opeten. Het gras wordt met den breeden muil afgeplukt; de twijgen worden afgebroken met het als hand dienend uitgroeisel van de bovenlip. — De Indische Neushoorn kan het slurfvormige verlengstuk van de bovenlip tot ongeveer 15 cM. verlengen, en hiermede een dikken bos gras omvatten, uitrukken en in den bek brengen. Het schijnt hem onverschillig te zijn, dat er nog eenige aarde aan de wortels blijft hangen. Wel slaat hij het uitgerukte bosje even tegen den grond, om het grootste deel van de aarde er af te schudden, maar daarna stopt hij het zonder eenig gemoedsbezwaar in den wijden muil, en slikt het zonder moeite door. Zeer gaarne eet hij wortels, die hij zeer goed weet op te delven. Tot tijdverdrijf, hoofdzakelijk voor zijn vermaak althans, woelt hij soms ook wel een boompje of een struik uit den grond; daartoe veegt hij met zijn kolossalen hoorn zoo lang de aarde tusschen de wortels weg, totdat hij den struik vatten en uit den grond lichten kan, waarna hij de wortels er afbreekt en deze verslindt.

De levenswijze van de Neushoorndieren heeft niet veel aantrekkelijks. Wanneer zij niet eten, slapen zij; om de overige wereld bekommeren zij zich nagenoeg niet. Zij leven niet gelijk de Olifanten in kudden bijeen, maar meestal afzonderlijk of hoogstens tot kleine troepen van 4 à 10 individuën vereenigd. Tusschen de leden van zulk een gezelschap bestaat geen nauwen band: in den regel leeft ieder voor zich en doet wat hem goeddunkt. Toch kan men niet zeggen, dat het eene dier het andere steeds met doffe onverschilligheid beschouwt; in zulk een gezelschap vindt men ook de moeder en haar kind; bovendien is de betrekking tusschen de volwassen dieren van verschillend geslacht niet zelden van zeer innigen aard en wordt misschien eerst door den dood afgebroken. Zij schijnen log van lichaam en ook log van geest; de schijn stemt hier echter niet geheel met de werkelijkheid overeen. In den regel heeft de Neushoorn een zwaren en eenigszins plompen gang; als hij liggen gaat, of zich omwentelt, doet hij dit zoo onbeholpen mogelijk; al zijne bewegingen zien er echter onbeholpener uit, dan zij zijn. Hij is niet zooals de Olifant een telganger, maar verzet de pooten overkruis, d.w.z. verplaatst tegelijkertijd een voorpoot en een achterpoot van verschillende zijden. Iedere Neushoorn zwemt nu en dan; hij blijft echter altijd aan de oppervlakte van het water en duikt alleen onder, wanneer dit strikt noodig is.

Onder de zinnen van de Neushoorndieren staat het gehoor bovenaan; dan volgt de reuk en hierna het gevoel. De gezichtszin is zeer weinig ontwikkeld. Het gehoor is vermoedelijk zeer fijn: het zachtste gedruisch wordt op een grooten afstand waargenomen. De smaakzin ontbreekt hun niet; bij tamme dieren althans nam ik waar, dat zij veel van suiker houden en blijken geven van bijzonder welgevallen, wanneer zij er op getracteerd worden. Hun stem bestaat uit een dof gegrom, dat door een woest gesnuif en geproest vervangen wordt, als zij toornig zijn. De Neushoorndieren in vrijen toestand laten dit geproest dikwijls hooren, want zij worden spoedig tot toorn geprikkeld en hun onverschilligheid voor alles, wat geen voedsel is, kan zeer schielijk in het tegenovergestelde gevoel veranderen. Dan letten zij zoomin op het aantal als op de weerbaarheid hunner vijanden, maar gaan blindelings en regelrecht op het voorwerp van hun toorn af. Evenals de stier heeft de Neushoorn een afkeer van roode kleuren; men heeft opgemerkt, dat hij menschen aanviel, die hem in 't geheel geen kwaad hadden gedaan, maar kleederen droegen, welker sterk sprekende kleuren zijn woede opwekten. Gelukkig kost het niet veel moeite, een in razenden drift voorthollenden Neushoorn te ontwijken. De geoefende jager laat hem tot op een afstand van 10 à 15 schreden naderen en springt dan ter zijde; het doldriftige dier rent hem voorbij, verliest zijn spoor, holt op goed geluk voort en koelt misschien zijn woede aan een volkomen onschuldig voorwerp.

De Neushoorn brengt slechts een jong ter wereld, een klein, plomp beest, zoo groot als een halfwassen Zwijn, dat met geopende oogen geboren wordt. Zijn roodachtige huid heeft nog geen plooien; een beginsel van een hoorn is reeds aanwezig. [413]

Hoe lang het jonge Neushoorndier bij zijn moeder blijft, weet men niet; evenmin kent men de verhouding tusschen vader en kind. In de eerste maanden groeit het snel. Een exemplaar, dat op den derden levensdag ongeveer 60 cM. hoog en 1.1 M. lang was, werd in de daaropvolgende maand 13 cM. hooger en 15 cM. langer. Na 13 maanden had het reeds een hoogte van 1.2, een lengte van 2 en een omvang van 2.1 M. bereikt.

In den ouden tijd heeft men vele sprookjes verteld over de vriendschappelijke verhouding tusschen den Neushoorn en sommige dieren en over zijn vijandschap met andere dieren, vooral met den Olifant; het heet, dat hij dezen bij elke gelegenheid aanvalt en steeds overwint. Deze reeds bij PLINIUS voorkomende verhalen worden af en toe door den een of anderen reisbeschrijver opgewarmd, maar behooren toch stellig onder de sprookjes thuis. Meer grond is er voor hetgeen men verhaalt van de vriendschap van den Neushoorn voor zwakkere dieren. ANDERSSON, GORDON CUMMING en anderen vonden bijna geregeld op den Zwarten zoowel als op den Witten Neushoorn een gedienstigen Vogel, den Madenhakker, die den reusachtigen viervoeter over dag trouw vergezelt en in zekeren zin de dienst van schildwacht bij hem vervult; hij voedt zich met het ongedierte, waarvan de huid van zijn kolossalen vriend krioelt, en zet zich daarom bij of op diens lichaam neder. Deze Vogels zijn de beste vrienden, die de Neushoorn heeft; zij laten zelden na, hem te waarschuwen voor een dreigend gevaar. Het spreekt wel van zelf, dat deze diensten door den beweldadigde erkend worden; zelfs het stompzinnigste Zoogdier zou dankbaar zijn, wanneer het verlost werd van een zoo pijnlijke kwelling als een heirleger stekende Insecten moet veroorzaken. Of echter de Vogel bij de nadering van menschen het dier, dat hem tot jachtveld dient, in 't oor pikt om het te wekken, wil ik maar liefst in 't midden laten; ik geloof eerder, dat de onrust, die hij toont, zoodra hij iets verdachts opmerkt, voldoende is om de aandacht van den Neushoorn te trekken. Dat zeer voorzichtige Vogels, op welker bewegingen door andere dieren gelet wordt, bij deze den dienst van voorposten en schildwachten vervullen, is in vele gevallen gebleken.

Behalve de mensch heeft de Neushoorn waarschijnlijk niet veel vijanden. De Leeuwen en Tijgers mijden dit dier, omdat zij weten, dat hunne klauwen toch te zwak zijn om door de dikke pantserhuid diepe wonden te scheuren; misschien kunnen zij gevaarlijk worden voor een van de moeder gescheiden jong. De Neushoorn is voor andere, veel kleinere dieren veel meer bevreesd, dan voor de groote Roofdieren; hij heeft vooral in eenige Horzels en in de Muggen verraderlijke vijanden, waartegen hij zich nagenoeg in 't geheel niet verweren kan. Overal echter is de mensch wel zijn gevaarlijkste vijand. De volksstammen, in welker gebied hij voorkomt, en ook Europeesche jagers maken ijverig jacht op hem. Men heeft wel eens beweerd, dat de pantserhuid voor kogels ondoordringbaar zijn; het lijdt echter geen twijfel meer, dat een mes, een lans en zelfs een met kracht geschoten pijl er door heendringen. De inboorlingen besluipen den Neushoorn, terwijl hij slaapt, onder den wind en werpen hem hunne lansen in 't lichaam of schieten op hem, terwijl zij de tromp van het geweer bijna op zijn romp houden om te maken, dat de kogels hun volle kracht behouden. De Abessiniërs gebruiken werpspiesen en slingeren dikwijls 50 of 60 van deze moordtuigen naar één Neushoorn; zoodra deze uitgeput is door bloedverlies, waagt een van de stoutmoedigste jagers zich in zijn nabijheid, en tracht met een scherp zwaard de Achillespees door te hakken, om het dier te verlammen, en tot verderen weerstand ongeschikt te maken. In Indië gaat men op de Rhinoceros-jacht met Olifanten, maar ook deze kolossen worden soms door het woedende dier in gevaar gebracht.

De Afrikaansche soorten worden door de Europeanen op gelijke wijze gejaagd als de Olifanten; het wild wordt des nachts opgewacht aan de drinkplaats, over dag in de wildernis bekropen, of in het open landschap te paard genaderd, om op den kortst mogelijken afstand met een grooten kogel het meest kwetsbare lichaamsdeel te treffen. Dat een Neushoorn, die door jagers vervolgd en in 't nauw gebracht is, of getroffen en door pijn gekweld wordt, zich dikwijls tegen zijne vervolgers keert, kan ons van een weerbaar dier niet verwonderen.

Moeielijker dan de jacht is de vangst van dit dier. De Wara wordt hoofdzakelijk buitgemaakt ter wille van zijn hoorn, waarvoor de Chineezen een hoogen prijs betalen. Om hem te vangen, worden op zijne paden nauwe kuilen gegraven, die zorgvuldig met takken bedekt, en vooraf met puntige palen voorzien zijn, waarop het zware dier zich spietst, wanneer het in den kuil valt. De Neushoorn volgt zijn gewone pad, valt in den kuil, en is, zelfs wanneer het onbeschadigd blijft, buiten staat er uit te komen. De jonge Afrikaansche Neushoorndieren, die soms op onze wilde-dierenmarkten voorkomen, worden gevangen na het dooden van de wijfjes, die deze jongen vergezellen.

Een merkwaardig geval van goed vertrouwen bij een zeer jongen Zwarten Neushoorn, wordt ons door SELOUS medegedeeld. Op een morgen, toen hij met zijn reisgezel WOOD ter jacht was uitgereden, stonden zij onverwachts in een kreupelboschje voor een grooten Zwarten Neushoorn, wien zij onmiddellijk twee kogels toezonden. Het zwaar getroffen dier vluchtte; gelijk nu eerst bleek, was het een wijfje. Een jong van slechts weinige dagen trachtte tevergeefs het te volgen, maar gaf deze poging dadelijk op, en kroop onder het Paard van WOOD, terwijl SELOUS de moeder het genadeschot gaf. "Naar mijn vriend teruggekeerd," zoo verhaalt onze zegsman verder, "vond ik hem onder een schaduwrijken boom zitten, en zag het

Neushoornkalf dicht bij het Paard staan, dat voor het kleine monster in 't geheel niet bang scheen te zijn. Het kalfje, ternauwernood grooter dan een halfwassen Zwijn, toonde volstrekt geen vrees, als wij of de inboorlingen, die ons vergezelden, het naderden en het streelden. Het viel mij echter op, dat het zeer sterk over den geheelen rug zweette, wat ik bij een volwassen Neushoorn nooit had opgemerkt. Daar het moederlooze dier het Paard van WOOD volgde, alsof dit zijn moeder was, besloten wij het mede te nemen naar de wagens, die ongeveer 6 Engelsche mijlen verder waren, om te beproeven het groot te brengen. Wij reden weg, en het kalfje liep ons na als een Hond. Het had echter klaarblijkelijk veel last van de brandende zon, want het ging onder iederen schaduwgevenden struik rusten; zoodra wij het echter 30 schreden vooruit waren, kwispelde het met zijn staartje, piepte en draafde WOOD'S Paard achterna. Eindelijk bereikten wij de wagens—maar nu veranderde op eens het gedrag van den jongen bewoner der wildernis. Misschien werd hij van streek gebracht door de Honden, die blaffend om hem heen sprongen, of door het gezicht van de huifwagens, of door de veelheid van nieuwe [414]indrukken, die hem in ons leger overstelpten;—hoe dit ook zij, onze beschermeling ging als een echte duivel te keer, en schoot woedend op de menschen, de Honden en zelfs op de wielen van de wagens toe. Wij bonden hem een riem om den hals en den schouder, waarbij hij geweldig tegenspartelde, een luchtsprong deed, herhaaldelijk op mij toeschoof en met zijn neus krachtig tegen mijn knie bokste. Toen hij vastgelegd was, begon hij tot bedaren te komen; maar werd dadelijk weer wild, zoodra er menschen of Honden in zijn nabijheid kwamen. Zooals ik gevreesd had, nam hij niets van het voedsel, dat wij voor hem gereed maakten; melk zou hem wel gesmaakt hebben, maar deze konden wij hem ongelukkig niet verschaffen, daar wij geen koeien hadden. Omdat deze pogingen mislukten en het te verwachten was, dat hij, als wij hem lieten loopen, ellendig verhongeren of een prooi van Leeuwen of Hyena's worden zou, hield ik het voor het beste, het ongelukkige schepsel, dat ik zoo gaarne in 't leven had gehouden, een kogel door den kop te schieten."

In onze diergaarden zijn de meeste Neushoorndieren goedaardig en tam; zij laten zich aanraken, naar een andere plaats drijven en op andere wijze behandelen, zonder zich te weer te stellen; langzamerhand geven zij duidelijke blijken van gehechtheid aan iederen oppasser, die verstandig met hen omgaat. Slechts één geval is mij bekend, dat een Neushoorn twee menschen, die hem waarschijnlijk geplaagd hadden, aanviel en doodde.

Tegen de schade, die de Neushoorn in vrijen toestand aanricht, weegt al het nut, dat hij kan opleveren, in de verste verte niet op. In gewesten, waar een regelmatige bebouwing van den bodem plaats vindt, kan hij niet geduld worden; hij is in den volsten zin van 't woord een bewoner van de wildernis. Van het gedoode dier weet men nagenoeg alle deelen te gebruiken. Niet alleen het bloed, maar ook de hoorn staan in hoog aanzien wegens de geheimzinnige krachten, die men er aan toedicht. In het oosten ziet men in de huizen van de voorname lieden allerlei bekers en andere drinkgereedschappen, die uit den hoorn van dit dier gedraaid zijn. Men schrijft aan deze vaten de eigenschap toe van op te bruisen, zoodra er een vergiftige vloeistof in gegoten wordt, en meent dus hierin een probaat middel te hebben om zich voor vergiftigingen te vrijwaren. De Turken van hoogen stand hebben voortdurend een drinkbeker van Rhinoceros-hoorn bij zich en gebruiken, wanneer zij pogingen tot vergiftiging duchten, hieruit hun koffie. Nog vaker wordt de hoorn gebruikt voor het maken van gevesten van kostbare sabels. Van de huid vervaardigen de inboorlingen gewoonlijk schilden, pantsers, schotels en andere gereedschappen voor eigen gebruik. Het vleesch wordt gegeten, het vet hoog geschat, hoewel de Europeanen zoo min op het eene als op het andere bijzonder gesteld zijn.

In de woeste, steenachtige gebergten van Afrika en West-Azië, bemerkt men op vele plaatsen een opgewekt leven. Dieren zoo groot als Konijnen, die zich op een rotsterras of op een steenblok in de zon koesterden, sluipen, verschrikt door de komst van een mensch, schielijk langs de rotswanden voort, verdwijnen in een van de tallooze rotskloven en kijken dan nieuwsgierig en onschuldig, als zij zijn, op den ongewonen bezoeker neer. Dit zijn de Klipdassen, de kleinste en sierlijkste van alle thans levende Onevenvingerigen.

Ten aanzien van de plaats, die deze lieftallige rotsbewoners in de klasse der Zoogdieren moeten innemen, heeft te allen tijde verschil van meening geheerscht bij de natuuronderzoekers. PALLAS beschouwde ze, op grond van hun uitwendig voorkomen en hun levenswijze als Knaagdieren, OKEN meende, dat zij aan de Buideldieren verwant zouden zijn, CUVIER plaatste ze in zijn orde van de Veelhoevigen. In den laatsten tijd wordt hun ook deze plaats betwist, en vindt men het noodig ze in een afzonderlijke orde, die der Plathoevigen (*Lamnungia*) op te nemen. Wij behandelen ze hier—te recht of te onrecht, dit zij in 't midden gelaten—als een groep van de Orde der Onevenvingerigen. Zij vormen slechts één familie.

De Klipdassen (*Hyracidae*) onderscheiden zich door de volgende eigenschappen: De romp is middelmatig lang en rolrond, de kop betrekkelijk groot en plomp, naar voren spits uitloopend en vooral in dwarse richting sterk versmald, de bovenlip gespleten, de spits van den neus fraai gevormd, het oog klein, maar uitpuilend, het in de vacht bijna verborgen oor kort, breed en rond, de hals kort en gedrongen; de staart is een nauwelijks merkbaar stompje. De pooten zijn middelmatig hoog en tamelijk zwak; de fijne voeten zijn langwerpig, die van de voorpooten eindigen in vier, die van de achterpooten in drie teenen, welke tot aan de eindleden door een gemeenschappelijke huid vereenigd zijn; met uitzondering van den binnenteen van de achtervoeten, die een klauwachtigen nagel draagt, zijn al deze eindleden voorzien met platte, hoefvormige nagels; op de naakte zolen komen verscheidene veerkrachtige eeltkussens voor, die door diepe groeven vaneengescheiden zijn.

Reeds in overoude tijden worden de Klipdassen als goed bekende dieren vermeld. De in Syrië en Palestina levende soort schijnt bedoeld te zijn, waar in den bijbel de naam "Saphan" gebruikt wordt, welk woord in de vertaling van LUTHER, door "Konijn" wordt vervangen. De Klipdassen zijn voor 't meerendeel kenmerkende dieren van de gebergten der woestijnen en steppen. Er zijn verscheidene soorten van, die alle gebergten van Syrië, Palestina, Arabië en misschien ook van Perzië bewonen, voorts die van de Nijllanden, van Oost-, West- en Zuid-Afrika. Men vindt ze in de gebergten van 2000 à 3000 M. hoogte niet minder talrijk dan in de bij wijze van eilanden uit de vlakte oprijzende koppen en kegels, die aan de steppenlanden van Noordoost-Afrika zulk een eigenaardig voorkomen verschaffen.

Wij zullen den Klipdas van Abessinië—den Aschkoko (*Hyrax abyssinicus*)—beschrijven, daar deze ons het best bekend is. De lengte van dit dier bedraagt 25 à 30 cM.; zijn vacht bestaat uit tamelijk lange en fijne haren, die aan den wortel grijsbruin, in het midden vaalgrijs en vóór de lichtkleurige spits donkerbruin zijn, welke kleuren zich vereenigen tot een lichter of donkerder gesprenkeld vaalgrijs. Kleurafwijkingen schijnen tamelijk veelvuldig voor te komen.

Hoe meer de rotswanden gespleten zijn, des te veelvuldiger treft men er deze dieren aan. Wanneer men bedaard door de dalen wandelt, ziet men ze op rijen zitten op de rotskammen; nog vaker liggen zij, want het zijn gemaklievende, luie dieren, die zich gaarne door de warme zon laten beschijnen. Een snelle beweging of een luid gedruisch verdrijft ze oogenblikkelijk: de geheele troep geraakt in beweging; allen vluchten en loopen met de behendigheid van [415]Knaagdieren weg en zijn bijna in 't zelfde oogenblik verdwenen. In de nabijheid van de dorpen, waar men ze evenzeer, dikwijls bijna vlak naast de huizen aantreft, toonen zij bijna geen vrees voor den inboorling en verrichten in zijn tegenwoordigheid onbeschroomd hunne bezigheden, alsof zij er van overtuigd zijn, dat hier niemand er aan denkt, hen te vervolgen; voor menschen in vreemde kleedij of van een ongewone kleur nemen zij echter oogenblikkelijk de wijk in hunne rotsspleten. Veel meer dan den mensch vreezen zij den Hond of andere dieren. Ook wanneer zij zich voor hem in hunne rotsspleten verborgen hebben, hoort men hun eigenaardig trillend gegil, dat veel op het geschreeuw van kleine Apen gelijkt. De Abessiniërs meenen, dat de Luipaard, de ergste vijand van de Klipdassen, langs de rotswanden sluipt, wanneer men ze tegen den avond of gedurende den nacht hoort schreeuwen; want na zonsondergang houden zij zich altijd stil, tenzij zij gestoord worden. Ook Vogels kunnen hun den grootsten schrik veroorzaken. Een toevallig voorbijvliegende Kraai, zelfs een Zwaluw, is in staat hen naar hunne veilige woningen terug te drijven.

Wegens de buitengewone schuwheid van de Klipdassen schijnt het vreemd, dat zij in vriendschap leven met dieren, die veel gevaarlijker en bloeddorstiger zijn dan zelfs de roofgierigste Arend, nl. met de Zebra-Mangoeste (*Herpestes Zebra*) en met een Doorn-Hagedis (waarschijnlijk *Stellio cyanogaster*). Naar het schijnt, speelt in dit gezellige klaverblad de voorzichtige Klipdas de rol van schildwacht, want zoodra hij zijn gillend gefluit laat hooren, verdwijnt het geheele gezelschap in de spleten van het gesteente.

Slechts ongaarne verlaten de Klipdassen hunne rotsen. Als het gras, dat tusschen de steenklompen groeit, opgegeten is, gaan zij wel is waar naar lager gelegen plaatsen, maar dan staan er altijd wachten op de meest uitstekende rotspunten, en een waarschuwend signaal van deze is voldoende, om alle zoo schielijk mogelijk de vlucht te doen nemen.

Door hunne bewegingen en hun aard vormen de Klipdassen in zekeren zin een overgang tusschen de plompe Neushoornen en de behendige Knaagdieren. Zij kunnen meesterlijk klimmen. Een nauwkeurig onderzoek der voetzolen, die zoo veerkrachtig zijn als gomelastiek, leert, dat de Klipdassen in staat zijn, om zich door het willekeurig inkrimpen en uitzetten van de middelste spleet der zoolkussens aan gladde oppervlakten vast te hechten.

De handelingen van de Klipdassen verraden een groote zachtaardigheid, ja zelfs onnoozelheid, vereenigd met een ongeloofelijke angstvalligheid en vreesachtigheid. Zij zijn buitengewoon gezellig; men ziet ze bijna nooit alleen, of liever, men kan, indien dit geval zich voordoet, er bepaald op rekenen, dat de overige leden van het gezelschap zich bij toeval niet in de nabijheid bevinden. Aan de woonplaats, die zij zich eens gekozen hebben, blijven zij voortdurend getrouw. In hun vaderland, dat zoo rijk is aan geurige, in bergstreken groeiende planten, zullen zij wel nooit gebrek lijden. Herhaaldelijk zag ik ze aan den voet van de rotsen

Aschkoko (*Hyrax abyssinicus*). ¼ v.d. ware grootte.

grazen, geheel op de wijze van de Herkauwers. Zij bijten het gras met hunne tanden af en bewegen de kaken op soortgelijke wijze, als de Tweehoevigen doen, wanneer zij herkauwen. Naar het schijnt, drinken zij niet, of slechts zeer weinig.

Daar het wijfje zes tepels heeft, meende men vroeger, dat de Klipdassen een tamelijk groot aantal jongen werpen. SCHWEINFURTH heeft echter aangetoond, dat zij er twee ter wereld brengen en dat deze bij de geboorte reeds zeer ontwikkeld zijn.

De jacht op de Klipdassen biedt geen bezwaren aan, tenzij deze angstvallige dieren reeds herhaaldelijk vervolgd werden. Alleen in Arabië en in Zuid-Afrika wordt op den Klipdas jacht gemaakt, wegens zijn vleesch, waarvan de smaak met dat van het Konijn overeenstemt. Verscheidene reizigers maken melding van Klipdassen, die zij in gevangen toestand hebben [416]nagegaan, GraafMELLIN vergelijkt een door hem getemd exemplaar met een Beer, die tot op de grootte van een Konijn ingekrompen zou zijn. Hij noemt dit dier volkomen weerloos, en zegt, dat het evenmin door een snelle vlucht aan zijne vijanden kan ontkomen, als het zich met zijne tanden of klauwen zou kunnen verdedigen. Als het door zijn meester geroepen werd, gaf het antwoord door zachtjes te fluiten, kwam dan aanloopen en liet zich op den schoot nemen en liefkoozen.

Verbeteringen

De volgende verbeteringen zijn aangebracht in de tekst:

Bron	Verbetering
Luidaards	Luiaards
Argentenië	Argentinië
peziken	perziken
bevestigd	bevestigt
langicaudata	longicaudata
nanwkeuriger	nauwkeuriger
hoektanten	hoektanden
[*Niet in bron*]	.
[*Niet in bron*]	.
evenzeeron bekommerd	evenzeer onbekommerd
de de	de
[*Niet in bron*]	"
duizende	duizenden
[*Niet in bron*]	"
(	,
[*Niet in bron*]	.
[*Niet in bron*]	.
[*Niet in bron*]	"
muziekaal	muzikaal
[*Niet in bron*]	.
[*Niet in bron*]	"
ontkennen	ontkennend
Schabak-tapir	Schabrak-tapir
verwijnen	verdwijnen
slijkt	slijk
[*Niet in bron*]	"

, [*Verwijderd*]
probraat probaat